W0260172

Sitzungsberichte
der Heidelberger Akademie der Wissenschaften
Mathematisch-naturwissenschaftliche Klasse

Die Jahrgänge bis 1921 einschließlich erschienen im Verlag von Carl Winter, Universitätsbuchhandlung in Heidelberg, die Jahrgänge 1922—1933 im Verlag Walter de Gruyter & Co. in Berlin, die Jahrgänge 1934—1944 bei der Weißschen Universitätsbuchhandlung in Heidelberg. 1945, 1946 und 1947 sind keine Sitzungsberichte erschienen.

Ab Jahrgang 1948 erscheinen die „Sitzungsberichte" im Springer-Verlag.

Inhalt des Jahrgangs 1952:

1. W. Rauh. Vegetationsstudien im Hohen Atlas und dessen Vorland. DM 17.80.
2. E. Rodenwaldt. Pest in Venedig 1575—1577. Ein Beitrag zur Frage der Infektkette bei den Pestepidemien West-Europas. DM 28.—.
3. E. Nickel. Die petrogenetische Stellung der Tromm zwischen Bergsträßer und Böllsteiner Odenwald. DM 20.40.

Inhalt des Jahrgangs 1953/55:

1. Y. Reenpää. Über die Struktur der Sinnesmannigfaltigkeit und der Reizbegriffe. DM 3.50.
2. A. Seybold. Untersuchungen über den Farbwechsel von Blumenblättern, Früchten und Samenschalen. DM 13.90.
3. K. Freudenberg und G. Schuhmacher. Die Ultraviolett-Absorptionsspektren von künstlichem und natürlichem Lignin sowie von Modellverbindungen. DM 7.20.
4. W. Roelcke. Über die Wellengleichung bei Grenzkreisgruppen erster Art. DM 24.30.

Inhalt des Jahrgangs 1956/57:

1. E. Rodenwaldt. Die Gesundheitsgesetzgebung der Magistrato della sanità Venedigs 1486—1550. DM 13.—.
2. H. Reznik. Untersuchungen über die physiologische Bedeutung der chymochromen Farbstoffe. DM 16.80.
3. G. Hieronymi. Über den altersbedingten Formwandel elastischer und muskulärer Arterien. DM 23.—.
4. Symposium über Probleme der Spektralphotometrie. Herausgegeben von H. Kienle. DM 14.60.

Inhalt des Jahrgangs 1958:

1. W. Rauh. Beitrag zur Kenntnis der peruanischen Kakteenvegetation. DM 113.40.
2. W. Kuhn. Erzeugung mechanischer aus chemischer Energie durch homogene sowie durch quergestreifte synthetische Fäden. DM 2.90.

Inhalt des Jahrgangs 1959:

1. W. Rauh und H. Falk. Stylites E. Amstutz, eine neue Isoëtacee aus den Hochanden Perus. 1. Teil. DM 23.40.
2. W. Rauh und H. Falk. Stylites E. Amstutz, eine neue Isoëtacee aus den Hochanden Perus. 2. Teil. DM 33.—.
3. H. A. Weidenmüller. Eine allgemeine Formulierung der Theorie der Oberflächenreaktionen mit Anwendung auf die Winkelverteilung bei Strippingreaktionen. DM 6.30.
4. M. Ehlich und M. Müller. Über die Differentialgleichungen der bimolekularen Reaktion 2. Ordnung. DM 11.40.
5. Vorträge und Diskussionen beim Kolloquium über Bildwandler und Bildspeicherröhren. Herausgegeben von H. Siedentopf. DM 16.20.
6. H. J. Mang. Zur Theorie des α-Zerfalls. DM 10.—.

Sitzungsberichte der Heidelberger Akademie der Wissenschaften
Mathematisch-naturwissenschaftliche Klasse
Jahrgang 1972, 3. Abhandlung

H. Bippes

Experimentelle Untersuchung des laminar-turbulenten Umschlags an einer parallel angeströmten konkaven Wand

(Vorgelegt in der Sitzung vom 22. April 1972 durch H. Görtler)

Springer-Verlag Berlin Heidelberg GmbH 1972

ISBN 978-3-540-05948-6 ISBN 978-3-662-07155-7 (eBook)
DOI 10.1007/978-3-662-07155-7

Das Werk ist urheberrechtlich geschützt. Die dadurch begründeten Rechte, insbesondere die der Übersetzung, des Nachdruckes, der Entnahme von Abbildungen, der Funksendung, der Wiedergabe auf photomechanischem oder ähnlichem Wege und der Speicherung in Datenverarbeitungsanlagen bleiben, auch bei nur auszugsweiser Verwertung, vorbehalten.

Bei Vervielfältigung für gewerbliche Zwecke ist gemäß § 54 UrhG eine Vergütung an den Verlag zu zahlen, deren Höhe mit dem Verlag zu vereinbaren ist.

© by Springer-Verlag Berlin Heidelberg 1972.
Ursprünglich erschienen bei Springer-Verlag Berlin Heidelberg New York 1972.

— Die Wiedergabe von Gebrauchsnamen, Warenbezeichnungen usw. in diesem Werk berechtigt auch ohne besondere Kennzeichnung nicht zu der Annahme, daß solche Namen im Sinne der Warenzeichen- und Markenschutz-Gesetzgebung als frei zu betrachten wären und daher von jedermann benutzt werden dürften.

Universitätsdruckerei H. Stürtz AG, Würzburg

Experimentelle Untersuchung des laminar-turbulenten Umschlags an einer parallel angeströmten konkaven Wand

Hans Bippes

Institut für Angewandte Mathematik und Mechanik
der Deutschen Forschungs- und Versuchsanstalt
für Luft- und Raumfahrt e.V., Freiburg

Mit 52 Abbildungen

Inhaltsverzeichnis

Eingeführte Bezeichnungen

x	Bogenlänge längs der Wand, gemessen von der Vorderkante
y	Abstand von der Wand
z	Spannweitenrichtung, senkrecht zur $x-y$-Ebene
U_∞	Anströmgeschwindigkeit
U_0	Geschwindigkeitskomponente der Grenzschicht-Grundströmung
P_0	Druck in der Grundströmung
U, V, W	Komponenten der Grenzschichtgeschwindigkeit
P	Druck in der Grenzschicht
u, v, w	Komponenten der Längswirbelstörung
u_1, v_1, w_1	Amplituden der Längswirbelstörung
p_1	Amplitude der Druckstörung
u_1'	Amplitude der sekundären Instabilität
f	Frequenz der sekundären Instabilität
t	Zeit
R	Krümmungsradius der Modellfläche
$G=\frac{U_\infty \vartheta}{\nu}\sqrt{\frac{\vartheta}{R}}$	Stabilitäts- oder Görtlerparameter
$K=\frac{U_\infty \lambda}{\nu}\sqrt{\frac{\lambda}{R}}$	Kurve konstanter Wellenlänge im Stabilitätsdiagramm
$v_B=\lvert\mathfrak{v}_B\rvert$	Bläschengeschwindigkeit
Δt	Zeit zwischen zwei Belichtungen bei den Bläschenaufnahmen
$\Delta s=\lvert\Delta \mathfrak{s}\rvert$	Länge des Weges, den ein Bläschen in der Zeit zwischen zwei Belichtungen zurücklegt
M	Abbildungsmaßstab
λ	Wellenlänge der Längswirbel
$\alpha=\frac{2\pi}{\lambda}$	Wellenzahl
β	Anfachungsgröße
δ	Grenzschichtdicke
ϑ	Impulsverlustdicke
ν	kinematische Zähigkeit
θ	Übertemperatur des Heizdrahtes
x_S, y_S	Positionen der Bläschensonden
$x_{HD\text{-}S}, y_{HD\text{-}S}$	Positionen der Hitzdrahtsonden
G_S bzw. $G_{HD\text{-}S}$	Stabilitätsparameter an der Stelle einer Bläschen- oder Hitzdrahtsonde

Übersicht

Es wurde auf experimentellem Wege die instabile laminare Grenzschicht an einer parallel angeströmten konkaven Wand untersucht. Die räumlichen Grenzschichtvorgänge konnten mit Hilfe der Wasserstoffbläschenmethode sichtbar gemacht werden, und die Einführung der Stereophotogrammetrie im Zweimediensystem Wasser-Luft ermöglichte es, diese Vorgänge qualitativ und quantitativ zu erfassen. Es zeigte sich, daß die Instabilitäten bei genügender Wandkrümmung zuerst die Form von Görtler-Wirbeln annehmen mit einer von der Grenzschichtdicke und der Wandkrümmung abhängigen Wellenlänge. Die anfängliche Anfachung entspricht der linearen Stabilitätstheorie. Später bilden sich in Längswirbelzonen geringer Grenzschichtgeschwindigkeit in periodischer Folge Querwirbelstärkekonzentrationen. Eine damit verbundene Schlängelbewegung der Längswirbelstraßen führt schließlich zum laminar-turbulenten Umschlag.

Summary

The instability of the laminar boundary layer flow along a concave wall has been studied experimentally. Detailed observations of these three-dimensional boundary layer phenomena have been made by the use of the hydrogen-bubble visualization technique. The application of stereo-photogrammetric methods in the air-water system has made it possible to investigate the flow processes qualitatively and quantitatively. In the case of a concave wall of sufficient curvature, a primary instability occurs first in the form of Görtler vortices with wave lengths depending upon the boundary layer thickness and the wall curvature. At the onset the amplification rate is in agreement with the linear theory. Later, during the non-linear amplification stage, periodic spanwise vorticity concentrations develop in the low velocity region between the longitudinal vortices. Then a meandering motion of the longitudinal vortex streets subsequently ensues, ultimately leading to turbulence.

1. Einleitung

Bei bisherigen Untersuchungen konnte gezeigt werden, daß die laminaren Grenzschichten, ehe sie turbulent werden, zunächst einen instabilen Zustand annehmen. Zufällig auftretende kleine Störungen werden dann stromabwärts immer stärker angefacht, bis sie schließlich den Zusammenbruch der ursprünglichen Strömungsform, den laminar-turbulenten Umschlag, herbeiführen. Während die Anfangsstadien dieser Entwicklung der theoretischen Behandlung noch weitgehend zugänglich sind, wird eine Theorie des weiteren Verlaufes immer schwieriger, je näher man dem Umschlag kommt.

Die Aufgabenstellung dieser Arbeit ist es nun, auf experimentellem Wege zur weiteren Klärung dieses Problemkreises am Sonderfall einer parallel angeströmten konkaven Wand beizutragen. Dieses Beispiel wurde bereits mehrfach behandelt. Die bisherigen Ergebnisse zeigen, daß sich hieran, im Gegensatz zu den Vorgängen an ebenen Wänden, zuerst eine dreidimensionale Instabilität in Form von gegenläufig rotierenden Längswirbelpaaren mit Achsen in Strömungsrichtung entwickelt und bestätigen so H. Görtlers [1] diesbezügliche theoretische Aussage. In der Literatur sind diese Wirbel als Taylor-Görtler-Wirbel oder auch als Görtler-Wirbel bekannt. Hinzu kommen zeitlich periodische Querwirbelstärkekonzentrationen, ähnlich den Tollmien-Schlichting-Wellen, welche in ebenen Grenzschichten im Laufe ihrer dreidimensionalen und nichtlinearen Entwicklung die Turbulenz herbeiführen.

Anders als bei den bisherigen Untersuchungen soll nun hier besonders darauf abgezielt werden, die Entwicklung der Görtler-Wirbel möglichst isoliert von den Tollmien-Schlichting-Wellen zu verfolgen. Es soll geklärt werden, welchen Einfluß erstere auf den Umschlag ausüben, bzw. ob dieser ähnlich wie an ebenen Wänden eingeleitet wird. Darüber hinaus ist angestrebt, neben einigen Vergleichen mit der Theorie auch Anregungen für eine Erweiterung von Lösungsansätzen zu finden.

Bei den Experimenten wird die Strömung mit der Wasserstoffbläschenmethode sichtbar gemacht und mit einer Stereomeßkammer photographiert. Dadurch ist es möglich, die dreidimensionalen Vorgänge richtig zu erkennen und zu deuten. Um auch quantitative Aussagen machen zu können, werden die Stereobilder photogrammetrisch ausgewertet. Auf diese Weise gelingt es, die Geschwindigkeit an einem bestimmten Ort nach Größe und Richtung anzugeben.

2. Die Stabilität der Grenzschicht längs einer konkaven Wand

2.1. Ergebnisse theoretischer Untersuchungen

Das Besondere an Strömungen längs gekrümmter Wände ist das Auftreten der Zentrifugalkraft als einer eingeprägten äußeren Kraft. In der Grenzschicht an konkaven Wänden nimmt sie bei Krümmungsradien $R \gg \delta$ entsprechend der Verteilung der Grundströmgeschwindigkeit U_0, die in diesem Falle einer Umfangsgeschwindigkeit gleichkommt, vom äußeren Grenzschichtrand zur Wand hin ab. Wird in dem dabei entstehenden Kraftfeld ein Teilchen durch eine Störung aus seiner Gleichgewichtslage nach dem inneren oder äußeren Grenzschichtrand aus-

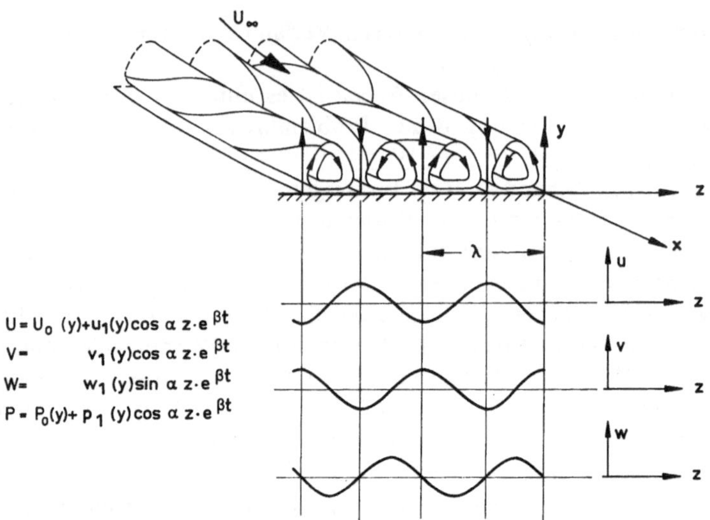

Abb. 1. Die Längswirbelstörung

gelenkt, so erreicht es Zonen geringerer bzw. größerer Zentrifugalkraft und wird jeweils in seiner Bewegung unterstützt (s. [2]). G. I. Taylor [3] hat zum ersten Mal die Stabilität einer solchen Strömung am Beispiel konzentrisch rotierender Zylinder theoretisch und experimentell untersucht. Er fand dabei, daß von einer für das Problem charakteristischen Kennzahl an die Couette-Strömung im Spalt zwischen beiden Zylindern gegenüber Störungen von der Form gegenläufig rotierender Wirbelpaare mit Achsen in Umfangsrichtung instabil wird.

Ein analoges Ergebnis erhielt H. Görtler [1] für die Strömung an einer konkaven Wand. In Abb. 1 ist der Störungsansatz, wie er in [1] in die Navier-Stokesschen Gleichungen eingesetzt wurde, angegeben. Darin bedeuten $U_0(y)$ die Grundströmungsgeschwindigkeit und $u_1(y)\cos\alpha z$, $v_1(y)\cos\alpha z$ und $w_1(y)\sin\alpha z$ die Komponenten der Störbewegung. Der Faktor $e^{\beta t}$ gibt deren zeitliche Anfachung an. Daneben ist die angenommene Wirbelstörung sowie die Verteilung ihrer Komponenten in Spannweitenrichtung skizziert. Das nach Linearisierung bezüglich der kleinen Störungen erhaltene Gleichungssystem führt auf ein Eigenwertproblem. Die Ergebnisse der in [1] angegebenen näherungsweisen Lösung sind in dem in Abb. 2 gezeigten Stabilitätsdiagramm enthalten. Man kann daraus ersehen, von welchem als Eigenwert genommenen Stabilitätsparameter

$$G = \frac{U_\infty \vartheta}{\nu} \sqrt{\frac{\vartheta}{R}}$$

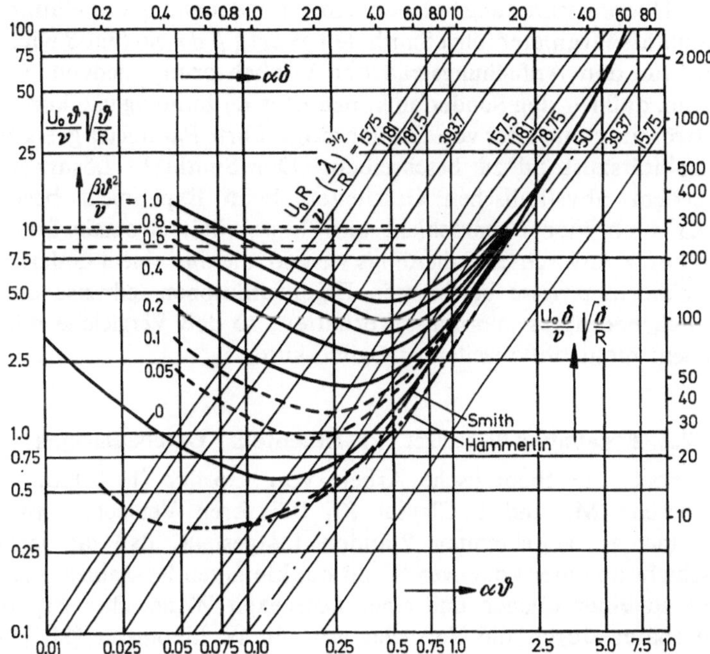

Abb. 2. Stabilitätsdiagramm nach [1] mit den neutralen Kurven nach [2] und [5]

an die Grenzschicht gegen Längswirbel bestimmter Wellenlänge $\alpha\vartheta$ instabil wird und in welchem Maße diese angefacht werden. Die Kurven konstanter Anfachung $\left(\beta\,\frac{\vartheta^2}{\nu}=\text{konst.}\right)$ können solange als gültig angesehen werden, als die zur Linearisierung notwendigen Annahmen eingehalten sind. Görtlers Ergebnisse wurden durch eine strenge Lösung desselben Eigenwertproblems von G. Hämmerlin [4], [5] bestätigt. Die dort gefundene neutrale Kurve ist ebenfalls im Stabilitätsdiagramm (Abb. 2) eingezeichnet.

A. M. O. Smith [2] machte für dasselbe Grenzschichtproblem einen auf einer anderen Betrachtungsweise beruhenden allgemeineren Lösungsansatz, indem er u.a. eine von x abhängige Außenströmung und eine von x abhängige Grenzschichtdicke zuläßt. Darüber hinaus nimmt er Störungen an, die sich nicht wie bei Görtler [1] und Hämmerlin [4], [5] zeitlich entwickeln, sondern stromabwärts, d.h. längs dem Weg. Die Ergebnisse seiner Näherungslösung lassen sich daher nur bezüglich der neutralen Kurve, wo die Störungen weder gedämpft noch angefacht werden, mit denen von Görtler und Hämmerlin vergleichen. Dabei zeigt sich aber eine gute Übereinstimmung besonders mit der Rechnung von Hämmerlin. Als Stabilitätsparameter führt Smith den Wert $\int \beta \, dx$ ein (mit β wiederum als Maß für den Anfachungsgrad der Wirbelstörung), jedoch weist er darauf hin, daß für den Sonderfall konstanter Krümmung und konstanter Außenströmung auch der von Görtler eingeführte Parameter geeignet ist, den Stabilitätszustand zu beschreiben. Der Smithsche Lösungsansatz kommt dem physikalischen Geschehen beim Experiment besonders nahe, da auch hier Grenzschicht und Instabilität stromabwärts, d.h. in Richtung x anwachsen; allerdings zeigen die mit einem Galerkinverfahren näherungsweise bestimmten Eigenfunktionen teilweise ein rein rechnerisch bedingtes anormales Verhalten, so daß Vergleiche mit dem Experiment nicht ohne weiteres möglich sind.

2.2. Ergebnisse bisheriger experimenteller Untersuchungen

Ehe noch die theoretische Arbeit von Görtler [1] bekannt war, hatten bereits M. und F. Clauser [6] bei ihren Versuchen an einer ebenen und an gekrümmten Wänden festgestellt, daß die laminare Grenzschicht an einer konkaven Wand bei kleineren Re-Zahlen turbulent wird als an einer ebenen und einer konvexen Wand. Ihre Ergebnisse wurden später durch die Versuche von H. W. Liepmann [7], [8] bestätigt, die nach der Publizierung von [1] am gleichen, etwas verbesserten Windkanal durchgeführt wurden. Liepmann stellte ferner eine Abhängigkeit der kritischen Reynoldsschen Zahl vom Krümmungsradius fest bzw. er zeigte, daß der Görtlerparameter G den Stabilitätszustand der Grenzschicht an einer konkaven Wand gut beschreibt. Ein weiteres wichtiges Ergebnis war die Bestätigung der von Görtler bei seinen Rechnungen in [1] gemachten Erfahrung, daß bei ebenen Grenzschichten anders als bei konkaven Grenzschichten ein Druckgradient in Strömungsrichtung nur einen geringen Einfluß auf die Stabilität ausübt. Rechnet man die von M. und F. Clauser für den Umschlagspunkt gefundenen Re-Zahlen mit Hilfe des Blasiusschen Grenzschichtprofils in einen kritischen Görtlerparameter um, so ergeben sich Werte von ca. 8,5 und 10,5 gegenüber ca. 6, dem Wert, den Liepmann bei ähnlichem Turbulenzgrad der Außenströmung gefunden hatte, und einem Wert von etwa 9 bei kleinerem Turbulenzgrad. Bei diesem Vergleich ist zu berücksichtigen, daß in den beiden Experimenten der Umschlagspunkt verschieden definiert wurde. Die von Liepmann gefundene Abhängigkeit des kritischen Görtlerparameters vom Turbulenzgrad der Außenströmung entspricht einem Ergebnis, das man auch an der ebenen Grenzschicht gewonnen hat. Falls die Anfangsstörungen als klein im Sinne der linearen Theorie angesehen werden können, wird jedoch der Umschlagsmechanismus stets der gleiche bleiben. Aus diesem Grunde wurde auch bei den vorliegenden Versuchen darauf verzichtet, dem Umschlag einen bestimmten Görtlerparameter zuzuordnen.

Während die bisher genannten Experimentatoren mit ihren Hitzdrahtmessungen in Windkanälen die Existenz der Görtlerschen Instabilität nur indirekt über deren Wirkung auf den Umschlagsbeginn nachwiesen, wurde diese zum erstenmal von N. Gregory und W. S. Walker [9] an einem Griffith-Tragflügel mit der Anstrichmethode sichtbar gemacht. Ähnliche Bilder veröffentlichten später Y. Aihara [10] sowie I. Tani und J. Sakagami [11], welche die Strömung mit gefärbter Flüssigkeit bzw. mit Rauchfäden sichtbar machten. Sie erhielten dabei allerdings nur Übersichtsaufnahmen, die eine genauere Interpretation nicht zulassen. Ihre Visualisationsversuche waren lediglich als Ergänzung zu ins einzelne gehenden Hitzdrahtmessungen gedacht.

Durch diese Hitzdrahtmessungen fanden Y. Aihara [10] und I. Tani [12], daß sich in der instabilen laminaren Grenzschicht an einer konkaven Wand dreidimensionale Störungen mit einer Periodizität in Spannweitenrichtung bilden und sich bis zu einem gewissen Anfachungsgrad entsprechend der linearisierten Theorie entwickeln. Zur selben Aussage gelangte F. X. Wortmann [13] auf Grund seiner Versuche in einem Wasserkanal mit gekrümmter Meßstrecke. Er überlagerte der Außenströmung durch eine Reihe von rhombusförmigen Tragflügeln in Spannweitenrichtung periodische dreidimensionale Störungen bestimmter Wellenlänge und machte ihre Entwicklung in der Grenzschicht mit der Tellurmethode sichtbar. Diese Arbeit Wortmanns war die erste und, zusammen mit deren Fortsetzung [14], auch die bisher einzige Grenzschichtuntersuchung an einer konkaven Wand, die auf visuelle Weise durchgeführt wurde.

Über die Art und Weise, wie aus der beschriebenen Wirbelstörung weiter stromabwärts schließlich Turbulenz entsteht, kann in Ermangelung einer nicht-linearen Theorie nur noch das Experiment Auskunft geben. Nach Aihara [10] sowie Tani und Aihara [15] üben die Görtler-Wirbel nur einen indirekten Einfluß aus, indem sie nämlich das Geschwindigkeitsfeld dreidimensional verformen, so daß sich längs der Spannweite Geschwindigkeitsprofile verschiedener Stabilität bilden. Dadurch werden bereits vorhandene Tollmien-Schlichting-Wellen zu Störungsformen modifiziert, die in ebenen Grenzschichten dem laminar-turbulenten Umschlag vorausgehen.

Wortmann [14] dagegen fand bei seinen visuellen Untersuchungen eine auf die Görtlerwirbel folgende sekundäre Instabilität, welche sich von jenen durch schiefe Trennflächen zwischen den Wirbelsträngen und stationäre Geschwindigkeitsprofile mit zwei Wendepunkten unterscheidet. Die Turbulenz wird schließlich durch eine Instabilität dritter Ordnung, eine räumliche Schwingungsbewegung, herbeigeführt.

2.3. Ziele dieser Experimente und ihre Einordnung in bisher durchgeführte Untersuchungen

Wenn auch F. X. Wortmann [14] im Gegensatz zu I. Tani und Y. Aihara [15] nicht auf die Wirkung von Tollmien-Schlichting-Wellen eingeht, so ist es sicher klar, daß auch die Grenzschicht an einer konkaven Wand irgendwann gegen diese Störungen instabil werden wird. Die Vorgänge, die zur Turbulenz führen, werden infolgedessen eine gewisse Ähnlichkeit mit denjenigen an der ebenen Wand haben, besonders dann, wenn die Modellkrümmung so gering ist wie bei den Experimenten von Wortmann [13], [14] (Krümmungsradius $R=20$ m) und auch von Tani u. Mitarb. [10], [11], [12], [15] ($R=3{,}5$, 5 und 10 m; von einem ebenfalls vorhandenen Modell $R=1$ m wurde als Versuchsergebnis nur die Wellenlänge der Längswirbelstörung veröffentlicht.). Um dies zu veranschaulichen, wurden in dem Diagramm der Abb. 3 für einige Krümmungsradien die Entfernungen x von der Vorderkante aufgetragen, von denen an die laminare Grenzschicht nach der linearen Theorie gegen Görtler-Wirbel instabil ($G=0{,}6$) und nach den Experimenten von Liepmann [7], [8] turbulent wird ($G=9$). Durch die ebenfalls eingetragene Stabilitätsgrenze für Tollmien-Schlichting-Wellen wird es deutlich, daß die kritischen Kurven für beide Störungstypen um so weiter auseinander liegen, je stärker die Modellwand gekrümmt ist.

Die hier vorgenommenen Experimente sollten deshalb die früheren insofern ergänzen, als dieses Mal Modelle benutzt wurden, die so stark gekrümmt sind, daß die Entwicklung der Görtler-Wirbel und ihre Rolle beim Umschlagsvorgang möglichst isoliert von anderen Störungen untersucht werden kann, d. h., solange die Strömung noch stabil gegen Tollmien-Schlichting-Wellen ist. Aus diesem Grunde wurde auch darauf verzichtet, zeitlich periodische Störungen etwa durch ein schwingendes Band (Tani u. Mitarb.) oder einen Drehschwingungen ausführenden Tragflügel (Wortmann) zu erzwingen. Die Untersuchungen wurden hauptsächlich an zwei Modellen mit Krümmungsradien von 0,5 und 1 m und Meßstrecken von 0,55 und 0,75 m durchgeführt. Das bedeutet nach Abb. 3, daß bei ersterem sogar der laminar-turbulente Umschlag eintreten kann, ehe noch die Grenzschicht nach der linearen Theorie für die ebene Wand gegen Tollmien-Schlichting-Wellen instabil wird. Dasselbe gilt auch für das zweite Modell ($R=1$ m), wenn Störungserzeuger benutzt werden, da diese, ebenso wie ein höherer Turbulenzgrad, die Umschlagsgrenze herabsetzen.

Eine weitere Aufgabe dieser Arbeit wurde darin gesehen, anders als bei den bisherigen Experimenten, auch die Störkomponenten in Richtung der Spannweite und senkrecht zur Wand zu messen, um das Bild der dreidimensionalen Instabilität und den Vergleich mit der linearen Theorie

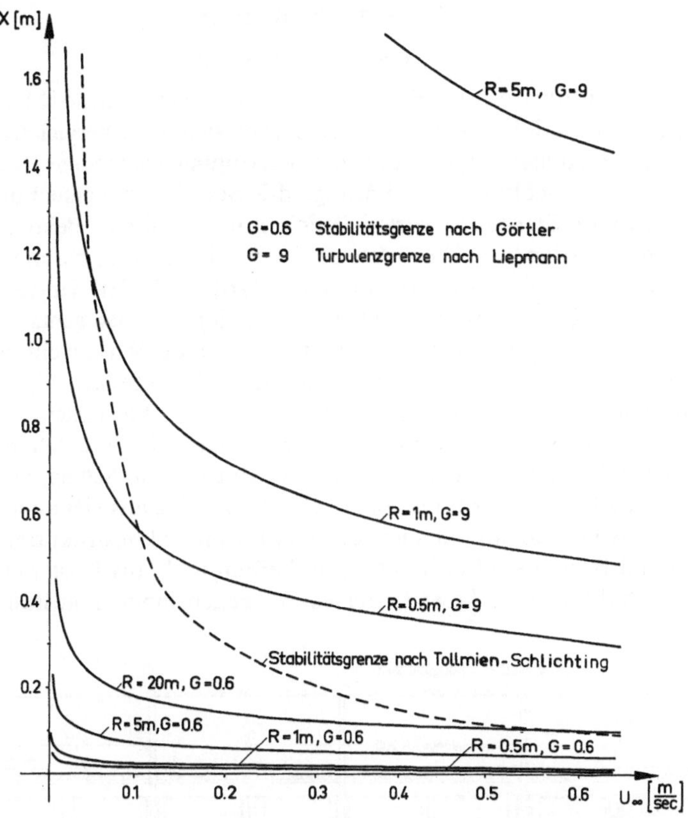

Abb. 3. Stabilitätsgrenzen für Görtler-Wirbel und Tollmien-Schlichting-Wellen, sowie der von Liepmann [8] auf experimentellem Wege gefundene Umschlagsbeginn

zu vervollständigen. Nachdem Wortmann [13] einen Punkt in der Nähe des horizontalen Astes der von Görtler [1] berechneten neutralen Kurve (s. Stabilitätsdiagramm Abb. 2) ermittelt hat, sollte hier auch die Existenz eines rechten Astes experimentell nachgewiesen werden. Schließlich sollte noch auf die natürliche Wellenlänge der Störungen sowie deren Einfluß auf die Anfachung eingegangen werden. Tani u. Mitarb. hatten bis dahin festgestellt, daß die Wellenlänge der Längswirbel durch die der Versuchsanlage eigenen Randeffekte vorgegeben ist und weniger von der Krümmung des Modells oder der Anströmgeschwindigkeit, wie es nach der linearen Theorie der Fall sein müßte.

3. Versuchsaufbau

3.1. Wasserschleppkanal

Zur Durchführung der Experimente wurde ein Wasserschleppkanal installiert. Eine solche Versuchsanlage erwies sich nach Vergleichsstudien und unter Berücksichtigung der zur Verfügung stehenden Räumlichkeiten als die zweckmäßigste Lösung, die Stabilitätsuntersuchungen in turbulenzarmer Strömung wirtschaftlich durchzuführen. Beim Entwurf der Anlage wurden u.a. die Erfahrungen berücksichtigt, die man schon seitens der Douglas-Aircraft-Company [16] und der University of Maryland [17] beim Betrieb mit kleineren Schleppkanälen gemacht hatte.

In Abb. 4 ist der am hiesigen Institut gebaute Wasserschleppkanal skizziert. Seine wesentlichen Teile sind das Wasserbecken (1) und die Schienenlaufbahn (3) mit dem Schleppwagen (2). An letzterem ist das ins Wasser eingetauchte Modell starr befestigt. Die vorgesehene Strömung entsteht dann, wenn das Modell durch den Schleppwagen in Pfeilrichtung bewegt wird. Das Becken selbst ist eine aus vier aneinandergereihten Elementen zusammengesetzte Stahlrahmenkonstruktion. Seitenflächen und Boden sind teils mit Glasscheiben und, aus Kostengründen, teils mit Stahlblechen besetzt. Beides ist gegeneinander austauschbar,

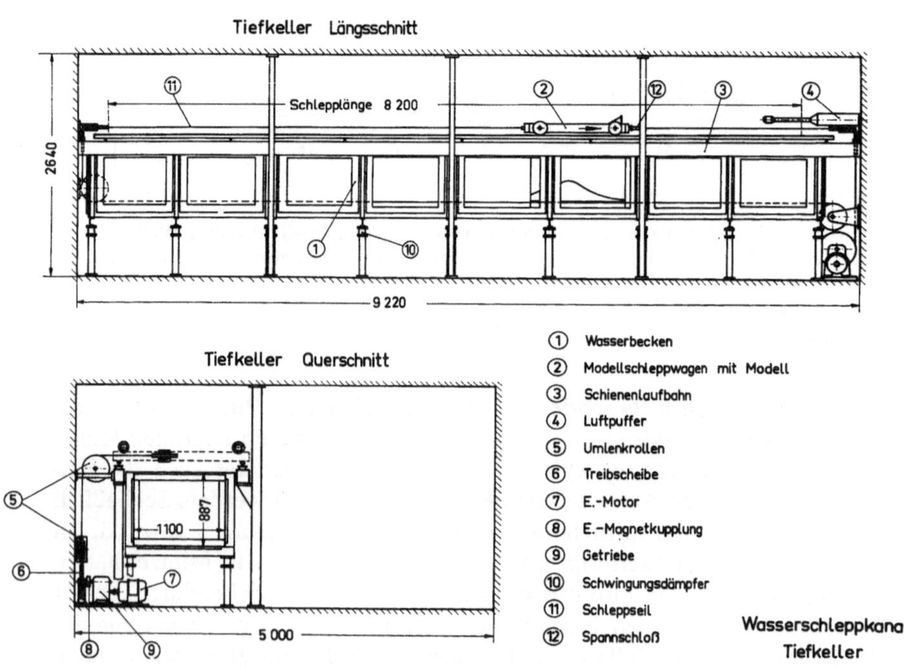

Abb. 4. Wasserschleppkanal

so daß es möglich ist, die sichtbar gemachten Strömungsvorgänge an jedem Ort zu beobachten, obwohl nicht der ganze Kanal verglast werden konnte. Die für die Versuche nutzbare Schlepplänge ist 8,2 m, sie könnte, falls es notwendig würde, durch Hinzufügen weiterer Elemente vergrößert werden. Der innere Querschnitt des Beckens, d.h. Höhe und Breite, betragen 0,9 und 1,1 m. Um das Strömungsmedium von mechanischen Erschütterungen zu isolieren und um die Auflagekraft möglichst auf alle Füße gleichmäßig zu verteilen, ist das gesamte Becken auf schwingungsdämpfenden deformierbaren Elementen (10) gelagert.

Die Schienenlaufbahn wurde völlig getrennt vom Wasserbecken aufgestellt, damit eventuell entstehende Vibrationen, beispielsweise beim Anfahrvorgang, nicht auf das Strömungsmedium übertragen werden. Der Wagen ist über die ganze Länge auf zwei ungeteilten Kranschienen stoßfrei geführt. Deren Laufflächen für die Räder und die seitlichen Führungsrollen sind außerdem spanabhebend bearbeitet. Zur Verhinderung der Durchbiegung sind sie auf äußerst steifen Rechteckrohren in Abständen von 60 cm mittels Stellschrauben gelagert, durch die sie gleichzeitig in horizontale Lage einjustiert werden können.

Als Antrieb wird ein Gleichstromnebenschlußmotor (7) verwendet. Auch dieser ist getrennt vom Kanal aufgestellt, so daß von ihm ausgehende Vibrationen nicht auf das Wasser einwirken können. Die Kraftübertragung auf den Modellschleppwagen erfolgt durch eine Treibscheibe (6) und einen endlosen Seilzug (11). Die Motordrehzahl kann stufenlos zwischen 0 und 1500 U/min eingestellt werden. Entsprechend der Wahl des Durchmessers der Treibscheibe und eines zwischengeschalteten Getriebes (9) können damit Schleppgeschwindigkeiten bzw. Anströmgeschwindigkeiten bis zu 5 m/s erreicht werden. Das entspricht bei 1 m Modell-Länge Reynolds-Zahlen bis zu $Re = 5 \cdot 10^6$. Besonderes Augenmerk wurde auf Einhaltung konstanter Anströmgeschwindigkeit gerichtet. Zu diesem Zweck wird die Motordrehzahl mit einer elektronischen Thyristor-Regelung auf den gewählten Sollwert eingestellt. Die Regelgenauigkeit, bezogen auf die Nenndrehzahl von 1500 U/min, ist kleiner als 0,2%. Bei stark vom Nennwert abweichenden Drehzahlen wird die Genauigkeit zwar kleiner, doch erlaubt ein vierstufiges Getriebe zwischen Motor und Treibscheibe, stets in günstigem Drehzahlbereich zu fahren.

Einen gewissen Eindruck von der Gleichförmigkeit der Schleppgeschwindigkeit vermittelt die Aufnahme (Abb. 5) der von einem 4-Kanal-Kathodenstrahloszillographen mit 2 Zeitablenkungen aufgezeichneten Signale einer Hitzdrahtsonde, die vom Schleppwagen durch das stillstehende Wasser gezogen wurde. Die unterste Linie wurde bei ruhender Sonde geschrieben, d.h. bei der Schleppgeschwindigkeit $U_\infty = 0$; sie stellt also die Null-Linie dar. Die 2. Linie von unten gibt, verglichen

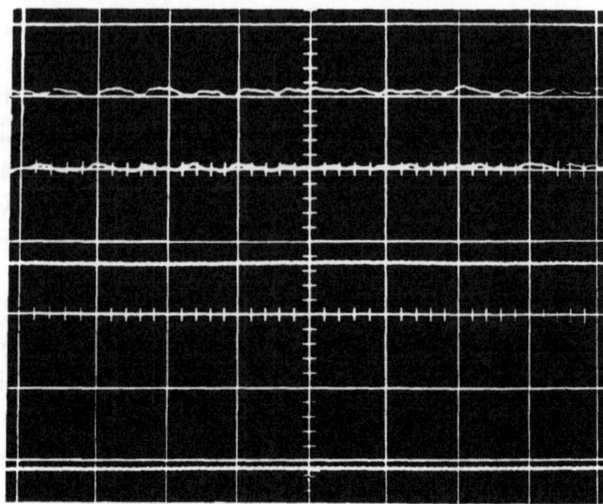

Abb. 5. Hitzdrahtmessung der Schleppgeschwindigkeit

mit der Null-Linie, den zeitlichen Verlauf der Spannungsänderung in der Meßbrückendiagonalen an, der sich bei einer Schleppgeschwindigkeit von $U_\infty = 0{,}075$ m/s einstellt. Die für diese beiden Schriebe gewählte Spannungsablenkung bzw. Zeitablenkung betrug 100 mV/cm und 200 ms/cm. Die beiden oberen Linien verdeutlichen durch den jeweils zehnfach vergrößerten Maßstab (10 mV/cm und 20 ms/cm) und AC-Eingang die Spannungs- bzw. Geschwindigkeitsschwankungen um den mittleren Wert. Die 2. Linie von oben wurde wiederum, wie zuvor die unterste, bei unbewegter Sonde und völlig stillstehendem Wasser aufgenommen ($U_\infty = 0$ m/s). Ihre Abweichung von einem geraden Verlauf wird von der Brummspannung in der Hitzdrahtapparatur verursacht. Der darüberliegende, auf der Fahrt aufgenommene AC-Schrieb zeigt, verglichen mit dem in Ruhe aufgenommenen, keine größeren Schwankungen, d.h. die von Geschwindigkeitsschwankungen verursachten Spannungsänderungen liegen innerhalb der Brummspannung der Hitzdrahtapparatur; sie müssen infolgedessen kleiner als 0,3% sein. Eine genauere Bestimmung war mit der noch in Entwicklung befindlichen Hitzdrahtapparatur bisher nicht möglich. Doch zeigen auch diese Oszillogramme, daß die beim Schleppen erzielte Anströmgeschwindigkeit eine für die vorliegenden Stabilitätsuntersuchungen genügende Gleichförmigkeit aufweist.

Um möglichst viel von der zur Verfügung stehenden Kanallänge für den Versuch ausnutzen zu können bzw. um auf einer genügend großen Wegstrecke stationäre Verhältnisse zu haben, ist der Antriebsmotor mit der Nennleistung von 7,7 kW ausgestattet worden. Diese Leistung reicht aus, den Modellschleppwagen bei vorwählbarer Beschleunigung spätestens nach einem Meter auf die vorgegebene Endgeschwindigkeit zu bringen. Das Abbremsen geschieht pneumatisch beim Auflaufen auf Luftpuffer (4). Die Regelung des Luftdrucks in den als Stoßdämpfer ausgebildeten Druckzylindern der Puffer ermöglicht es, den Bremsweg bei allen Geschwindigkeiten auf etwa 0,5 m zu beschränken. Damit reicht der Weg, längs dessen mit konstanter Geschwindigkeit geschleppt werden kann, für die Ausbildung stationärer Strömungsverhältnisse am Modell aus, falls dieses nicht länger als 2,5 m ist.

3.2. Modelle

Für die Versuche waren drei Modelle mit den Krümmungsradien 5 m, 1 m und 0,5 m gebaut worden. Das erste wurde nur zu Vorversuchen benutzt, um den Einfluß der Größe der Wandkrümmung auf die Entwicklung der Instabilitäten zu erfassen, es soll daher nicht weiter beschrieben werden. Die beiden übrigen Modelle sind nach dem gleichen Schema gebaut (Abb. 6). Als Werkstoff wurde durchsichtiges Acrylglas von 8 mm Dicke gewählt.

Die konkave Krümmung beginnt an der Vorderkante und endet an dem sich tangential anschließenden NACA 2415-Profil. Die Vorderkante ist keilförmig (Keilwinkel = 15°) ausgebildet und an der Spitze leicht abgerundet (Radius = 0,5 mm). Vorversuche hatten ergeben, daß sich

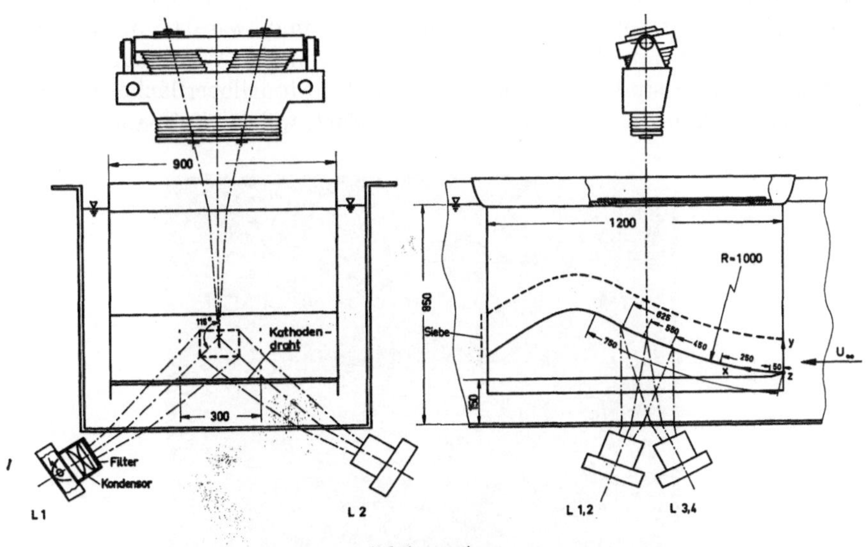

Abb. 6. Modell und Aufnahmeanordnung

in diesem Falle der Staupunkt stabil entwickelt. Die Druckseite wird von einer ebenen Platte gebildet, welche auch für sich allein als Modell verwendet werden kann. Es ist daher möglich, bei den gleichen Versuchsbedingungen vergleichende Untersuchungen an einer ebenen und einer konkaven Grenzschicht durchzuführen. Auch seitlich sind die Modelle durch ebene Platten abgeschlossen, so daß sich in erster Näherung eine zweidimensionale Strömung einstellt. Die Vorderkanten dieser Seitenplatten sind wiederum keilförmig ausgebildet. Äquidistant zur untersuchten gekrümmten Wand kann eine zweite Wand eingeführt werden (in Abb. 6 gestrichelt eingezeichnet), falls der Druckgradient in Strömungsrichtung beseitigt werden soll. Dadurch entstehende Unterschiede zwischen den Drücken über und unter der Zwischenwand wurden durch Siebe, die hinter dem Modell angebracht waren, soweit ausgeglichen, bis die Modellwand an der Vorderkante parallel angeströmt wurde. Über dem Modell wird ein Schlitten aus Plexiglas mitgeführt. Er ist wenige Millimeter in das Wasser eingetaucht und glättet eventuell beim Schleppvorgang auf der Wasseroberfläche entstehende Wellenbewegungen, die bei der Photographie stören würden. Um auch kleinste optische Verzerrungen auf den Aufnahmen zu vermeiden, wurde das Plexiglas des Schlittens, das sich im Strahlengang der Kamera befindet, durch geschliffenes, 6 mm starkes Kristallspiegelglas ersetzt.

Zur Sichtbarmachung der Strömung mit der Wasserstoffbläschenmethode (Kap. 4.1) sind an verschiedenen Stellen senkrecht zur Anströmung und parallel zur gekrümmten Wand ausgerichtete, Bläschen erzeugende „horizontale Sonden“ vorgesehen, und zwar 0,05 m, 0,25 m, 0,45 m, 0,55 m und 0,625 m stromabwärts von der Vorderkante. Die Bläschendrähte sind jeweils auf zwei aus der Modelloberfläche herausragende 0,5 mm dicke Messingstifte aufgelötet, welche, in Spannweiten-

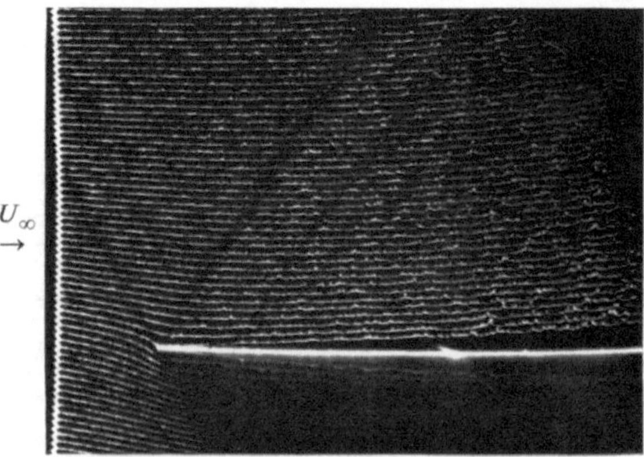

Abb. 7. Umströmung der Vorderkante bei $U_\infty = 0{,}15$ m/s

richtung gesehen, 0,3 m voneinander entfernt sind. Der Abstand der Drähte von der Oberfläche kann zwischen Null und 20 mm variiert werden, so daß die Strömung in jeder Grenzschichthöhe sichtbar gemacht werden kann. Zur Untersuchung der Anströmung (Abb. 7) und um einen gewissen qualitativen Eindruck von den Geschwindigkeitsprofilen bei stark gestörter Grenzschicht zu bekommen (z.B. Abb. 44), wurden in geringerem Umfang auch senkrecht zur Modellfläche ausgerichtete „vertikale Sonden" verwendet. Es soll jedoch schon hier angemerkt werden, daß die auf diese Weise erhaltenen Bilder, sofern sie nicht stereophotographiert und -betrachtet werden, zu Fehlinterpretationen führen können.

4. Meßtechnik

4.1. Wasserstoffbläschenmethode

Zur Sichtbarmachung der Grenzschichtströmung wurde, wie bereits erwähnt, die Wasserstoffbläschenmethode angewandt. Sie besteht darin, durch Elektrolyse des Wassers an einer 0,015–0,03 mm starken drahtförmigen Kathode Wasserstoff zu erzeugen, welcher in Form von 0,01–0,02 mm dicken Bläschen von der Strömung mitgenommen wird. Werden diese von gebündeltem Licht angestrahlt, so reflektieren sie die unter einem bestimmten Winkel auf ihre kugelförmige Oberfläche auftreffenden Strahlen und werden sichtbar. Dadurch kann man sie auf ihrem Weg mit der Strömung, der innerhalb gewisser Grenzen mit dem der benachbarten Flüssigkeitsteilchen identisch ist, beobachten und photographieren.

Die Wasserstoffbläschenmethode hat für die hier gemachten Versuche folgende Vorteile:

1. Wählt man Platin als Werkstoff für die Kathodendrähte, so verbrauchen sich diese nicht.

2. Wählt man als Kathoden sehr dünne Drähte, so wird die Grenzschicht nur geringfügig gestört. Bei Geschwindigkeiten um 0,1 m/s, wie sie bei den Versuchen vorkommen, ist die mit dem Drahtdurchmesser gebildete Reynoldssche Zahl $Re \approx 2$; d.h. im Drahtnachlauf bilden sich noch keine Wirbelstraßen.

3. Die Gasbläschen lösen sich bald nach ihrer Entstehung wieder im Wasser auf, wodurch sich die Kanalfüllung stets von selbst reinigt.

4. Die Wasserstoffbläschen können auf den Photographien einzeln identifiziert werden. Dies ist entscheidend, wenn man die Aufnahmen mit photogrammetrischen Methoden quantitativ auswerten möchte.

Über Einzelheiten bei der Anwendung der Wasserstoffbläschenmethode ist in den Arbeiten [16], [18], [19], [20] ausführlich berichtet. Insbesondere wurde in [19] und [20] untersucht, in welchem Maße Bläschengeschwindigkeit und Strömungsgeschwindigkeit übereinstimmen.

4.1.1. Streichlinien und Zeitlinien

Um dem Ziel, Stromlinienbilder zu erzeugen, möglichst nahezukommen, werden hier die Bläschen in zweierlei Weise erzeugt.

1. Man verwendet einen gezackten Kathodendraht (Abb. 8a und b). An einem solchen laufen die sich entlang dem ganzen Draht bildenden Bläschen zuerst zu den in Strömungsrichtung zeigenden Enden hin, ehe sie weggeschwemmt werden. Die dadurch entstehenden Bläschenlinien werden allgemein „Streichlinien“ (streaklines) genannt. Sie sind bei stationären Strömungen mit den Stromlinien identisch. Bei instationä-

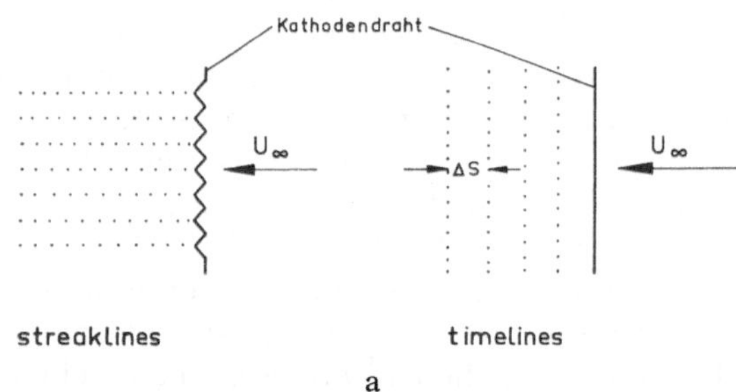

a

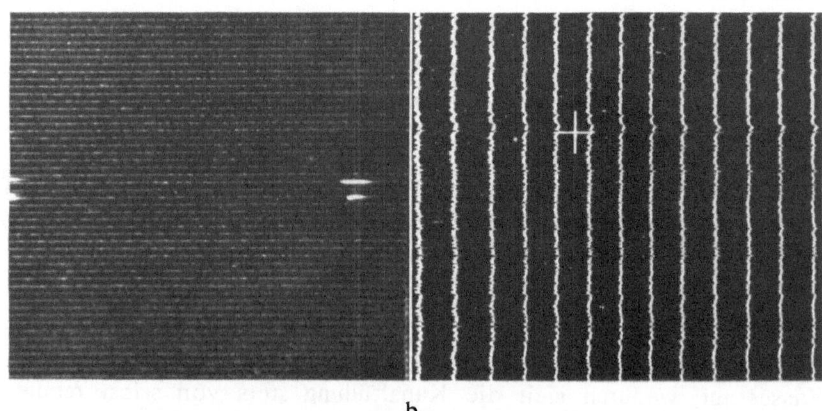

b

Abb. 8a u. b. a. Schematische Darstellung der Entstehung von „streaklines“ und „timelines“. b. Eine durch „streaklines“ bzw. „timelines“ sichtbar gemachte ungestörte laminare Grenzschichtströmung

ren Strömungen sind Streichlinienbilder, wie in [20] erklärt wird, sehr schwer zu deuten.

2. Man verwendet einen geraden Kathodendraht und legt eine pulsierende Spannung an. Dadurch entstehen die Bläschen nicht kontinuierlich, sondern es bilden sich in bestimmten Zeitabständen (Abb. 8a und b) Bläschenlinien, welche allgemein als „Zeitlinien" (timelines) bezeichnet werden.

Bei stationären Strömungen kann aus Zeitlinienaufnahmen die Strömungsgeschwindigkeit nach der Gleichung (4.1)

$$v_B = \frac{\Delta s}{\Delta t} \qquad \begin{array}{l} \Delta s = \text{Abstand zweier timelines} \\ \dfrac{1}{\Delta t} = \text{Pulsfrequenz} \end{array} \tag{4.1}$$

bestimmt werden. Bei instationären Strömungen, in welchen die von einem bestimmten Ort am Draht ausgehenden Bläschen nicht mehr zu jeder Zeit denselben Weg nehmen, wird man bei der Anwendung obiger Formel einen Fehler in v_B bekommen, der um so größer ist, je größer der Abstand der Bläschen von ihrem Entstehungsort ist (s. [20]).

Eine wesentliche Verbesserung kann erreicht werden, wenn man die Aufnahmen innerhalb eines bestimmten Zeitintervalles zweimal kurzzeitig belichtet. Dadurch werden nämlich die Zeitlinien zweimal abgebildet und es läßt sich mit $\Delta \mathfrak{s}$ der Weg bestimmen, den ein und dasselbe Bläschen in Δt, der Zeit zwischen zwei Belichtungen, zurückgelegt hat. Die wiederum nach (4.1) zu bildende Bläschengeschwindigkeit $\mathfrak{v}_B$ enthält in diesem Falle nur noch einen Fehler infolge Mittelung über ein Zeitintervall Δt, das aber stets sehr klein gewählt werden kann. Die Messungen müssen demzufolge nicht mehr auf Orte in der Nähe der Sonde beschränkt werden, wo überdies die Genauigkeit durch Geschwindigkeitsdefekte im Sondennachlauf vermindert wird (s. auch Kap. 4.3).

4.1.2. Stromversorgung für die Wasserstoffbläschenerzeugung

Zur Elektrolyse des Wassers bzw. zur Erzeugung der Wasserstoffbläschen steht ein Netzgerät zur Verfügung, das eine zwischen 0 und 600 V wählbare Gleichspannung bei einer Stromstärke von maximal 5 A liefert. Diese Bereiche genügen, um den Strom für die Erzeugung des Wasserstoffs so zu steuern, daß die sich im Kathodendraht ablösende Bläschenmenge bei jeder möglichen Schleppgeschwindigkeit ausreicht, die Strömung sichtbar zu machen.

Um, wie in Kap. 4.1 beschrieben, Zeitlinien zu bilden, wird der vom Netzgerät kommende Bläschenstrom von einem Thyristorschalter

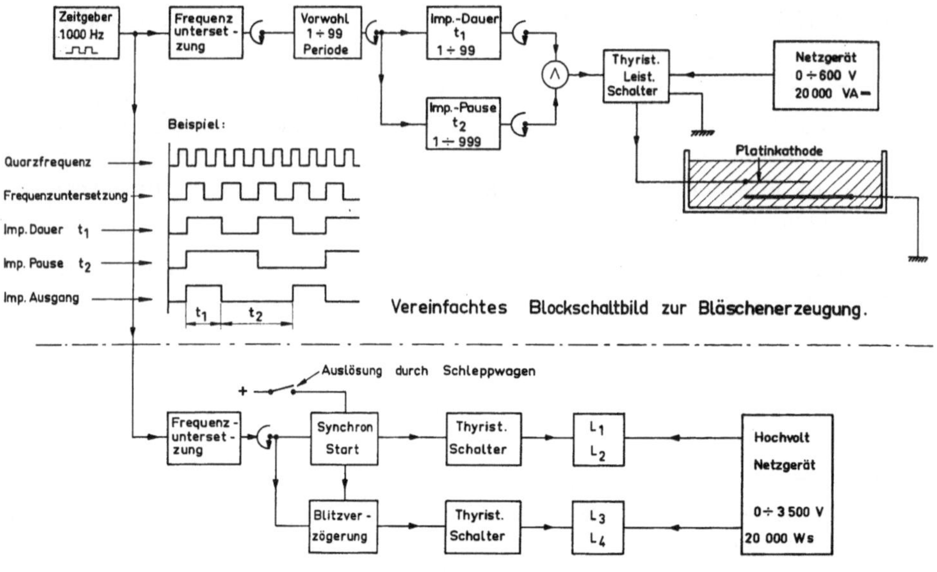

Abb. 9. Blockschema der Stromversorgung für die Wasserstoffbläschenerzeugung und für die Blitzlampenspeisung und -zündung

(s. Blockschema Abb. 9) in regelmäßigen scharf abgegrenzten Zeitintervallen periodisch aus- und eingeschaltet, so daß in entsprechender Weise scharf abgegrenzte und sauber vom Kathodendraht abgelöste Bläschenlinien entstehen. Da eine quantitative Bildauswertung die genaue Kenntnis des Zeitintervalles Δt (Kap. 4.1, Gleichung (4.1)) zwischen der Entstehung der einzelnen Zeitlinien verlangt, wird zur Steuerung des Thyristor-Leistungsschalters ein quarzstabilisierter Zeitgeber verwendet. Ausgehend von der Grundfrequenz von 1 000 Hz können in diesem Gerät durch Addition der Grundschwingungsdauer ganzzahlige Vielfache von 0,001 s in einem Bereich von 0,001 – 0,099 s als Pulsdauer bzw. Durchschaltzeit und von 0,001 – 0,0999 s als Schaltpause gewählt werden. Eine binäre Frequenzteilung ermöglicht es überdies, sämtliche Zeiten noch um das 2^1, 2^2, ..., 2^{11}-fache zu dehnen. Die Abweichung der quarzstabilisierten Grundfrequenz von ihrem Sollwert (1 000 Hz) ist kleiner als 0,05 %. Da bei der Thyristorschaltung nur wenig von dieser hohen Genauigkeit verlorengeht und damit die Schaltzeiten auf mindestens 10^{-6} s genau vorgegeben sind, wird der Fehler in Δt nie größer als 1 ‰.

4.1.3. Beleuchtung

Zur Beleuchtung wurden Xenonblitzlampen (E.G. & G. Inc. Typ FX-77 C4) verwendet, die bei einer Entladezeit von 0,3 ms mit ca. 4000 Ws belastet werden können. Diese große Energie ist deshalb notwendig, weil das bei der Blitzentladung entstehende weiße Licht bis auf ein enges Frequenzband herausgefiltert werden muß, um unscharfe Abbildungen durch Farbdispersion zu vermeiden. Letztere entsteht bei der Brechung der Lichtstrahlen an der Wasser- bzw. Schlittenoberfläche (Abb. 6, S. 19). Das hier benutzte Schott-Filter ist durchlässig für Lichtstrahlen von Wellenlängen über 510 nm. Da die spektrale Empfindlichkeit der benutzten Plattenemulsion (Agfa Gevaert 23D56) bei etwa 560 nm endet, verbleibt als photographisch wirksames Licht nur dasjenige des engen Frequenzbandes zwischen 510 und 560 nm. Davon gelangt wiederum nur der kleine Teil in die Kamera, der unter dem Winkel der Totalreflexion auf die Oberfläche der Bläschen trifft. Die Bewegungsunschärfe des Objektes (Bläschen) wird durch die Kürze der Blitzentladung genügend klein gehalten.

Zur gleichmäßigen Ausleuchtung des von der Kamera erfaßten Strömungsfeldes sind auf beiden Seiten des Kanales Lampen aufgestellt (Abb. 6, S. 19). Zur Herstellung der zweifach belichteten Aufnahmen werden die Lampenpaare $L1-L2$ und $L3-L4$ im zeitlichen Abstand Δt nacheinander gezündet (s. auch Kap. 4.1). Der Zündvorgang wird vom Schleppwagen beim Überfahren eines Endkontaktes eingeleitet (Abb. 9 unten). Während der Zündimpuls für L_1-L_2 sofort erfolgt, wird derjenige für L_3-L_4 um eine vorwählbare Zeit Δt verzögert weitergegeben. Die Zeitvorgabe geschieht nach demselben Prinzip wie bei der oben beschriebenen Zeitlinienerzeugung. Als Verzögerungszeiten können ganzzahlige Vielfache von 0,001 bis 0,999 ms gewählt werden. Außerdem kann wiederum jede dieser Zeiten um das 2^1, 2^2, 2^3 oder 2^4-fache gedehnt werden. Die Thyristorsteuerung des Zündimpulses erlaubt es, die gewählten Werte für Δt auf mindestens $1^0/_{00}$ genau vorzugeben. Zur Speisung der Blitzlampen wurde ein Hochvoltnetzgerät gebaut, das bei Verwendung von 4 Lampen bei der höchstmöglichen Entladespannung bis zu 6000 Ws pro Lampe und Entladung abgeben kann. Die Kürze der Entladezeit wird durch induktionsarmen Aufbau und sehr kleine Ohmsche Widerstände bei Schaltverbindungen und Zuleitungen erreicht[1].

Für Filmaufnahmen bei ortsfester Kamera wurden die Blitzlampen durch wassergekühlte Quecksilberhöchstdruckdampflampen (SP 1000 W) ersetzt. Bei diesen geht das Licht von einer $10 \times 12{,}4$ mm großen Leucht-

1 Die für die Bläschenerzeugung und für die Blitzentladung notwendigen Geräte sowie deren Beschaltung wurden von Dr.-Ing. Pavle Čolak-Antić und Ing. A. Maier entwickelt. (Siehe auch DVL-Nachrichten Heft **38**, 421—422 (1969)).

fläche aus. Um möglichst viel davon zu erfassen und eng gebündelt auf das Objekt zu werfen, sind sie in Diaprojektoren (Leitz-Prado mit Hektor 1:2,8/300 mm) eingebaut. Für Filmaufnahmen bei mitfahrender Kamera standen luftgekühlte Quecksilberhöchstdruckdampflampen (HBO 500 W) zur Verfügung. Sie sind ebenfalls in Diaprojektoren (Leitz-Prado mit Elmaron 1:2,8/150 mm) eingebaut, welche, seitlich am Schleppwagen befestigt, ebenso wie die Kamera mitgeschleppt werden.

4.1.4. Photographie

Die ersten Versuche hatten gezeigt (s. Kap. 5.1), daß die an der konkaven Wand entstehenden Instabilitäten einen ausgeprägten dreidimensionalen Charakter haben. Es schien daher wichtig, Stereoaufnahmen herzustellen, die eine genügend genaue qualitative und quantitative Bildauswertung zulassen. Zu diesem Zweck wurde unter Berücksichtigung der hier vorliegenden besonderen Aufnahmebedingungen eine Stereomeßkammer (d.h. eine Kamera, bei der die Lage des Objektivhauptpunktes bzw. des Perspektivitätszentrums bezüglich der Bildebene bekannt ist) für Nahaufnahmen gebaut. (Einzelheiten der Konstruktion s. Kap. 4.2.2). Als Objektive wurden auf die Nähe korrigierte Apo-Ronare (1:9/240 mm) der Firma Rodenstock verwendet. Es sind dies serienmäßige Repro-Objektive mit Compurverschluß. Die synchrone Belichtung in beiden Kamerateilen wird durch Blitzen bei offengehaltenem Verschluß in dunklem Raum sichergestellt. Von den verfügbaren Negativemulsionen erwies sich die des Scientia 23D56 von Agfa Gevaert als die günstigste für Bläschenaufnahmen. Sie bietet bei hinreichender Empfindlichkeit (ca. 10 DIN) und starkem Kontrast ($\gamma \approx 2,2$) genügendes Auflösungsvermögen (165 Linien/mm). Als Schichtträger müssen aus Gründen der Maßhaltigkeit bei der Entwicklung und möglichst guter Planlage in der Bildebene Glasplatten verwendet werden. Um die dynamischen Umschlagvorgänge zu erfassen, wurden außerdem 16 mm-Schmalfilmaufnahmen mit einer Bolex H16M-Kamera (Objektive: Cine-Xenon 1:2/50 mm und Switar 1:1,9/75 mm) und dem Scientia 50B65 (20 DIN, $\gamma = 1,2$; 120 Linien/mm) von Agfa-Gevaert gemacht.

4.2. Geschwindigkeitsmessung durch photogrammetrisches Auswerten von Wasserstoffbläschenaufnahmen

Zur Messung der Strömungsgeschwindigkeiten wurde hier eine Methode eingeführt, die darauf beruht, die Strömung mit Wasserstoffbläschen sichtbar zu machen und deren Ortsveränderung während einer Zeit Δt durch photogrammetrisches Auswerten von Stereoaufnahmen zu bestimmen. Die daraus gefundenen Bläschengeschwindigkeiten werden mit der örtlichen Strömungsgeschwindigkeit verglichen. Ein solches Verfahren verlangt im Vergleich zu den üblichen Geschwindigkeitsmeßmethoden einen beträchtlichen Arbeitsaufwand, denn es muß stets der Ort der einzelnen Bläschen im Bild bezüglich eines Bildkoordinatensystems sorgfältig ausgemessen werden, ehe man die Raumlage berechnen kann. Hinzu kommt, daß bei den hier gemachten Aufnahmen die von den Bläschen ausgehenden abbildenden Lichtstrahlenbündel an der Wasseroberfläche gebrochen werden, bevor sie in die in der Luft befindliche Kamera gelangen. In einem solchen „Zweimedienfall" ist es nicht mehr möglich, die üblichen Auswerteverfahren, die auf einer Modellherstellung beruhen, anzuwenden; man muß auf die bisher weniger gebräuchliche, numerisch aufwendige analytische Methode zurückgreifen.

Die hier beschriebene Geschwindigkeitsmeßmethode hat aber gegenüber den punktuell messenden Hitzdrahtsonden, Staurohren usw. den entscheidenden Vorteil, daß man bei der Auswertung die Vorgänge in einem großen Ausschnitt des Strömungsfeldes vor Augen hat. Dadurch kennt man die markanten Stellen und kann gerade dort die Messungen durchführen. Man entgeht also von vornherein der Schwierigkeit, aus Meßwerten, die man an verschiedenen Orten gewonnen hat, ein zusammenhängendes Bild der Strömung zu finden. Weiterhin ist zu beachten, daß bei diesem Verfahren die Geschwindigkeit nach Betrag und Richtung ermittelt wird. Darauf ist ja bei der Untersuchung dreidimensionaler Strömungsfelder besonderer Wert zu legen.

Von der Möglichkeit, einfache Strömungsaufnahmen quantitativ auszuwerten, wurde bereits früher ([13], [19] und [20]) Gebrauch gemacht, jedoch wurden keine photogrammetrischen Methoden angewandt. Darüber hinaus mußte wegen der Beschränkung auf die Einbildmessung angenommen werden, daß sich die beobachteten Teilchen alle in einer zur Wasseroberfläche, Bildebene und Objektivhauptebene parallelen Ebene bewegen, eine Voraussetzung also, die an einem gekrümmten Modell und überall dort, wo dreidimensionale Strömungsvorgänge auftreten, nicht erfüllt sein kann. Um dies zu belegen, wurde anhand einer Stereoaufnahme der durch Görtler-Wirbel gestörten laminaren Grenzschichtströmung der Wandabstand der Bläschen einer Zeitlinie photogrammetrisch (s. Kap. 4.2) bestimmt. Das Ergebnis ist in Abb. 10 dargestellt. Ein Teilbild der verwendeten Aufnahme (Aufnahmeanordnung nach Abb. 6, Seite 19) zeigt Abb. 27 (Seite 48). Die ausgemessene Zeitlinie ist dort durch einen Pfeil gekennzeichnet. Das Ergebnis läßt erkennen, daß sich die Bläschen, die von einer wandparallelen Sonde ausgehen, 5 bis 7 cm stromabwärts davon in sehr verschiedenen Grenzschichthöhen befinden. Müßte man bei diesem Beispiel wie bei der Einbildphotogrammetrie annehmen, die Bläschen würden sich stets

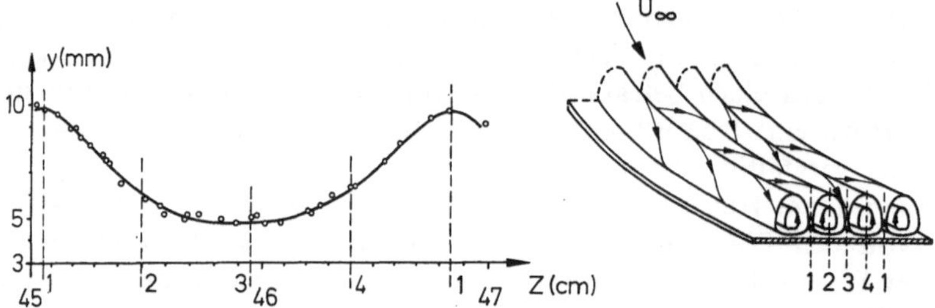

Abb. 10. Der photogrammetrisch gemessene Wandabstand y der in Abb. 27 durch Pfeil gekennzeichneten Zeitlinie, aufgetragen über der Spannweitenrichtung z. Durch die Ziffern 1, 2, 3 und 4 können die gemessenen Wandabstände den entsprechenden Stellen z in der Längswirbelstörung zugeordnet werden

in der die Sonde enthaltenden wandparallelen Ebene bewegen, so würde man dem wirklichen Wandabstand falsche Geschwindigkeiten zuordnen.

4.2.1. Photogrammetrie im Zweimediensystem

Wie schon erwähnt, ist es im Zweimedienfall nicht mehr möglich, die Stereomeßbilder auf herkömmliche Weise auszuwerten, indem man auf optischem Wege ein Modell des ursprünglichen Strahlenganges herstellt, da es die dazu notwendigen Zweimedienauswertegeräte nicht gibt. Bei den Einmedienauswertegeräten fehlt die brechende Fläche. Benutzt man diese Geräte für Zweimedienaufnahmen, so schneiden sich – wie K. Rinner [21] gezeigt hat – die von einem Bildpunktpaar ausgehenden Projektionsstrahlen im allgemeinen nicht mehr in einem entsprechenden Objektpunkt. Dort, wo sie in einem größeren Abstand aneinander vorbeigehen, ist selbst eine stereoskopische Betrachtung nicht mehr möglich (s. auch [22]). Um trotzdem auf herkömmliche Weise auswerten zu können, haben zwar K. Rinner [21] und G. C. Tewinkel [23] optische Kompensationsverfahren vorgeschlagen, jedoch sind solche nicht anwendbar, wenn wie hier Luftstrecke und Wasserstrecke der Gegenstandsweite im Verhältnis 2:3 stehen. Auch das in [22] vorgeschlagene Verfahren, aus der mit üblichen Auswertegeräten gewonnenen scheinbaren Lage der Objektpunkte deren wirkliche Lage näherungsweise zu berechnen, ist bei den hier auftretenden Wassertiefen nicht angebracht, da nicht für alle Punkte eine „scheinbare Lage“ gefunden werden kann. Es bleibt daher in diesem Falle nur das numerisch aufwendige Verfahren, die Lage der Raumpunkte mit den allgemeinen Abbildungsgleichungen aus den einzelnen ausgemessenen Bildpunktpaaren zu berechnen.

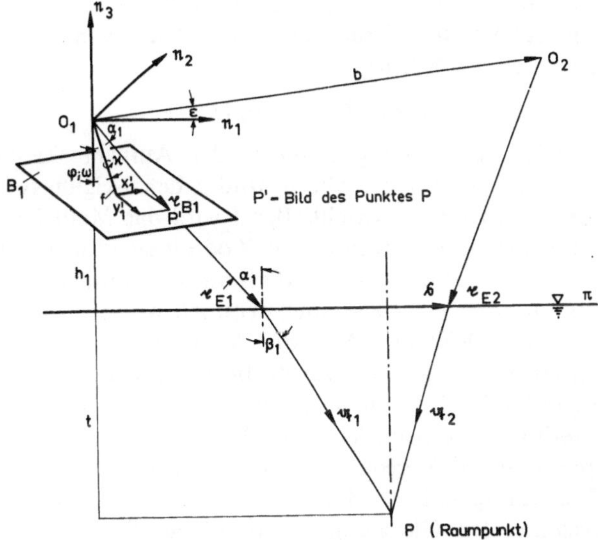

Abb. 11. Optischer Strahlengang im Zweimediensystem

Abb. 11 zeigt in schematischer Darstellung den optischen Strahlengang im Zweimediensystem. O_1 [2] und O_2 sind die Perspektivitätszentren (Hauptpunkte der Objektive) und B_1 und B_2 die beiden Bildebenen der Aufnahmekammer (B_1 ist in Diapositivstellung gezeichnet und B_2 ist in der Zeichnung weggelassen), π ist die brechende Fläche. Der Raumpunkt P wird durch das Projektionsstrahlenbündel mit den Hauptstrahlen $\mathfrak{x}_B - \mathfrak{x}_E - \mathfrak{q}$ im Bildpunkt P' abgebildet. α_1 und β_1 sind die Aufnahmerichtungen vor und nach der Brechung. Kennt man die Aufnahmelage der beiden Kammern in einem festen räumlichen Koordinatensystem sowie deren Lage zur brechenden Fläche („äußere Orientierung"), so läßt sich die ursprüngliche Raumlage der Objektpunkte aus den im ebenen Bildkoordinatensystem angegebenen Bildpunktlagen durch einfache räumliche Vorwärtseinschnitte bestimmen.

$$\mathfrak{x}_{E1} + \mathfrak{q}_1 = \mathfrak{b} + \mathfrak{x}_{E2} + \mathfrak{q}_2. \tag{4.2}$$

Voraussetzung ist dabei freilich, daß bei den Aufnahmekammern die Lage der Perspektivitätszentren bezüglich der Bildebene („innere Orientierung") bekannt ist.

Zur rechnerischen Lösung der Orientierungsaufgabe kann man nach K. Rinner [21] in folgender Weise vorgehen:

2 Die Bezeichnungen der photogrammetrischen Größen sind in diesem Kapitel definiert und erscheinen nicht in der Liste der Bezeichnungen.

Man stellt zunächst ein Modell des Aufnahmestrahlenganges her, indem man die äußere Orientierung bestimmt. Dies kann über folgende Orientierungsgrößen geschehen:

$$\omega_1;\ \varphi_1;\ \kappa_1 \quad \text{bzw.} \quad \omega_2;\ \varphi_2;\ \kappa_2,$$

die Winkel für je drei Drehungen der beiden Aufnahmekammern, ν, das Verhältnis von Basis b zur Höhe h, und ε, den Neigungswinkel der Basis gegen die Horizontale. Anschließend wird das Modell maßstabsgerecht in ein feststehendes räumliches Koordinatensystem eingepaßt. Dazu muß die Größe der Basis, ein Maßstabsfaktor sowie die Grundrißlage des Aufnahmeortes einer Kammer ermittelt werden.

Ersetzt man in Gleichung (4.2) die Vektoren durch die obengenannten Orientierungsgrößen und durch die Koordinaten von in beiden Kammern abgebildeten Punkten, so können daraus die 8 Unbekannten für die Herstellung des Modells gefunden werden, falls mindestens 8 Bildpunktpaare einer Stereoaufnahme im ebenen Bildkoordinatensystem zur Verfügung stehen. Man hat dann ein System von 8 irrationalen transzendenten Gleichungen aufzulösen. Die 4 Unbekannten für die Einpassung können in einfacher Weise aus der Grundrißlage zweier „Paßpunkte" bzw. aus der Raumlage eines Paßpunktes und einer Grundrißkoordinate eines weiteren ermittelt werden. (Paßpunkte sind Objektpunkte, deren Raumlage in einem festen räumlichen Koordinatensystem bekannt ist.)

Zur numerischen Lösung der Orientierungsaufgabe wurde hier ein iteratives Näherungsverfahren angewandt. Die Einführung von 10–16 Paßpunkten erlaubte ein Ausgleichungsverfahren zur Minimierung der Quadratsummen der Abweichungen zwischen den photogrammetrisch bestimmten Raumlagen der Paßpunkte und deren wirklicher Raumlage[3].

4.2.2. Auslegung der Stereomeßkammer

Die Konstruktion einer besonderen Kamera hatte sich aus zweierlei Gründen als notwendig erwiesen. Sie mußte für extreme Nahaufnahmen ausgelegt werden (Abbildungsmaßstab 1:1,5 bis 1:2), um den kleinen lichtreflektierenden Teil der ca. 0,02 mm großen Wasserstoffbläschen so abzubilden, daß diese auf den Bildpaaren identifiziert und ausgemessen werden können; und sie mußte so konstruiert werden, daß aus optischen und rechnerischen Gründen auch bei den vorliegenden Aufnahmebedingungen möglichst gut angenäherte Senkrechtaufnahmen hergestellt werden können. Aus diesem Grunde ist die Kamera justierbar und nur horizontal in Fahrtrichtung verschiebbar auf dem Modellschleppwagen aufgehängt, so daß die beiden optischen Achsen a (s.

3 Die numerische Behandlung der Orientierungsaufgabe mit dem erwähnten Näherungsverfahren hatte Dipl.-Math. A. Lehmann auf einer Siemens 2002 durchgeführt.

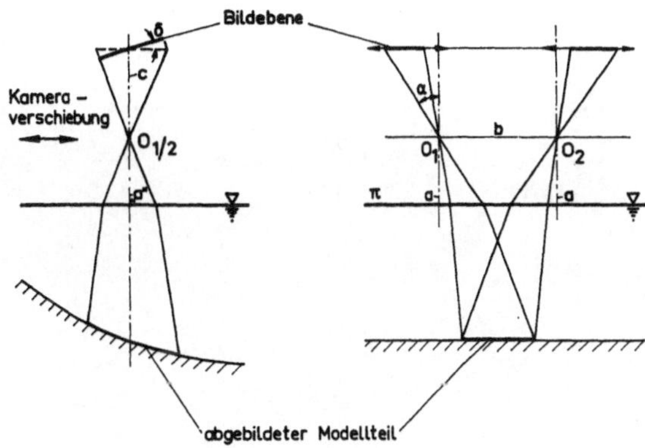

Abb. 12. Skizze der Aufnahmebedingungen

Abb. 12) stets senkrecht auf der Wasseroberfläche stehen. Da die Tangentialebenen an die Modelloberfläche von der Vorderkante an nach hinten wachsende Neigung zur Wasseroberfläche haben, muß bei den verschiedenen Aufnahmestellungen aus Scharfabbildungsgründen auch stets die Bildebene analog der Scheimpflugbedingung im Einmediensystem gegen die Wasseroberfläche geneigt werden können (Neigungswinkel δ). Die gleichzeitige Änderung der Gegenstandsweite wird durch Änderung der Bildweite ausgeglichen. Neben diesen notwendigen Änderungen der inneren Orientierung sind die Platten mit den Plattenhaltern in der Bildebene in Richtung der Basis gegeneinander verschiebbar (s. Pfeilrichtung in Abb. 12), damit bei allen Aufnahmestellungen vollständig überdeckende Bilder gemacht werden können. Die Größe der jeweiligen Orientierungsänderung kann an genauen Maßstäben abgelesen werden. Mit dieser Konzeption ist zwar von dem Prinzip abgegangen, aus Genauigkeitsgründen Meßkammern mit fester innerer Orientierung zu verwenden, jedoch ist zu berücksichtigen, daß hier extreme Nahaufnahmen hergestellt werden sollen, wobei Bildkoordinatenfehler Fehler in der Raumpunktbestimmung zur Folge haben, die noch in derselben Größenordnung liegen.

Die zur iterativen Berechnung der äußeren Orientierung notwendigen Anfangsnäherungen können an der Kamera abgelesen werden oder sind von vornherein bekannt, da die optischen Achsen der beiden in einem Gehäuse untergebrachten Aufnahmekammern stets senkrecht zur Wasseroberfläche ausgerichtet sind. Abb. 13 zeigt die Stereomeßkammer auf dem Modellschleppwagen. Der Kamerakörper (1) mit der gegen ihn verschiebbaren Objektivträgerplatte (2) und dem schwenkbaren Rückteil (3) hängt an zwei Rundstangen (4) eines starren Rahmens, der nivellierbar

Abb. 13. Stereomeßkammer auf dem Modellschleppwagen

auf dem Modellschleppwagen aufgelagert ist. Durch letztere Maßnahme ist es möglich, die Kammerachsen vertikal auszurichten. Zur Kontrolle dienen die beiden Libellen (5) (1 Teilstrich $\triangleq$ 0,01 mm/m). Der Schwenkwinkel der Bildebene wird mit einem Ablesemikroskop (6) auf einem Glasmaßstab (7) auf 0,01° genau abgelesen. Der Ort der Bildhauptpunkte ist bei jeder Stellung der Kassettenhalter an Maßstäben (8) auf 0,02 mm genau abzulesen. Der Abstand zwischen den Aufnahmeorten und der Wasseroberfläche wird durch einen an der Kamera befestigten Tiefenmesser (9) mit Mikrometerverstellung gemessen. Zur Vereinfachung der Kameraeinstellung und der Berechnung der Orientierung sind beide Aufnahmekammern in einem steifen Gehäuse mit gemeinsamer Bild- und Objektivhauptebene untergebracht. Dadurch ist ihre gegenseitige Lage fest vorgegeben, d.h. die betreffenden Orientierungsgrößen sind relativ zueinander bekannt. Die Zahl der Unbekannten verringert sich von 8 auf 6.

Daten der Kamera:

Basis	$b = 250$, 185 oder 120 mm
Bildweite	$c = 400 - 310$ mm
Schwenkwinkel	$\delta = 0 - 17°$
Objektive	Apo-Ronare 1:9/240 mm
Negativmaterial	Platten 9 × 12 oder Rollfilm und 70 mm-Film in Linhof-

kassetten.

4.2.3. Bildkoordinatenmessung

Da ein handelsüblicher Stereokomparator für die Bildmessung nicht zur Verfügung stand, mußte das in Abb. 14 gezeigte Bildmeßgerät gebaut werden. Damit können in einem Raum mit Temperaturschwankungen von höchstens 2 °C die Bildpunktkoordinaten auf 0,005 mm genau ausgemessen werden. Die Koordinatenverstellung wurde mit Kontaktkopien einer Gitterplatte der Firma Wild geeicht. Durch die x-Parallaxeneinstellschraube (1) ist es grundsätzlich möglich, stereoskopisch auszumessen, was die Identifizierung von zusammengehörigen Punkten auf den beiden Teilbildern wesentlich erleichtert; allerdings lassen dies die hier gemachten Zweimedienaufnahmen aus den in [22] beschriebenen Gründen meist nicht zu.

Zur Erhöhung der Meßgenauigkeit werden die Bilder durch ein 30-fach vergrößerndes Stereomikroskop (2) betrachtet. Da dieses jedoch nur einen Bildausschnitt von 7 mm Durchmesser erfaßt, kann, um einen Überblick über das ganze, vom Bild erfaßte Strömungsfeld zu bekommen, das in Abb. 15 gezeigte Prismenstereoskop verwendet werden. Es erlaubt die Betrachtung bei 1,5-, 3,5- und 6facher Vergrößerung.

Abb. 14. Bildmeßgerät

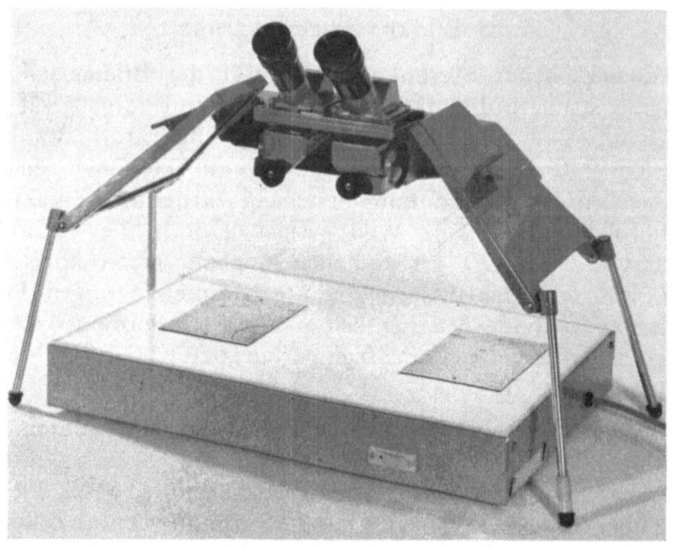

Abb. 15. Prismenstereoskop der Firma Tokyo Optical Co., Ltd.

4.2.4. Meßgenauigkeit

Wie in Kap. 4.1.1 gezeigt wurde, läßt sich die Strömungsgeschwindigkeit aus der Gleichung

$$\mathfrak{v}_B = \frac{\Delta \mathfrak{s}}{\Delta t} \tag{4.1}$$

bestimmen. Der daraus erhaltene Wert ist zunächst mit den reinen Meßfehlern in $\Delta \mathfrak{s}$ und Δt behaftet, die bei der photogrammetrischen Auswertung und bei der Messung der Zeit zwischen zwei Belichtungen entstehen. Hinzu kommen aber außerdem alle Fehler, die daraus folgen, daß die Bläschen durch Einwirkung verschiedener Kräfte nicht genau die Geschwindigkeit der sie umgebenden Flüssigkeitsteilchen annehmen. Im einzelnen treten folgende Fehler auf:

1. Fehler bei der photogrammetrischen Auswertung. Nimmt man zunächst an, die Daten der inneren und äußeren Orientierung seien bekannt, dann hängt die Genauigkeit der photogrammetrischen Messung im wesentlichen von dem Fehler bei der Bildkoordinatenmessung ab. Bezüglich des Zusammenhanges sei auf eine in [44], Seite 140ff., für den Normalfall im Einmediensystem gegebene Abschätzung verwiesen. Sie ist in erster Näherung auch auf Senkrechtaufnahmen im Zweimediensystem anwendbar. Die hier zusätzlich auftretende Neigung der Bild-

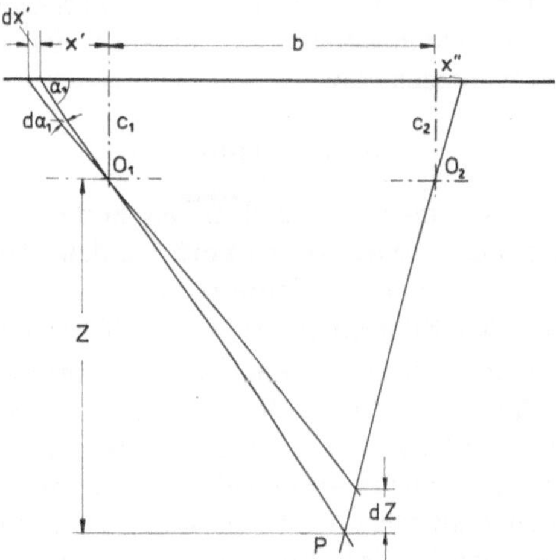

Abb. 16. Skizze zur Abschätzung des photogrammetrischen Fehlers

ebene um den Winkel δ (s. Abb. 9) kann dadurch berücksichtigt werden, daß man für die Bildweite den Ausdruck

$$c = \bar{c} + y \cos\delta \tag{4.3}$$

einführt. Damit gilt auch in diesem Falle, daß sich Bildmeßfehler überwiegend auf die Höhenbestimmung (Raumkoordinate Z, s. Abb. 16) auswirken, und zwar nach der Beziehung

$$|dZ| \approx \frac{Z^2}{b\,c}\, d(x' - x''). \tag{4.4}$$

Der Fehler $|dZ|$ wächst demnach quadratisch mit Z. Das bedeutet: Nahaufnahmen, wie sie hier gemacht werden (Abbildungsmaßstab $Z/c = 1{,}5 - 2$), können erheblich genauer ausgewertet werden als „Luftbilder" mit $Z/c > 6000$; oder aber: bezüglich des Bildmeßgerätes und der inneren Orientierung der Meßkammer können größere Toleranzen zugelassen werden. Wie weiterhin aus Gleichung (4.4) hervorgeht, ist zur Ausnutzung der erreichbaren Genauigkeit die Basis möglichst groß zu wählen, d.h. bis Bildwinkel α auftreten, für die die Objektive gerade noch korrigiert sind. Bei den hier gemachten Aufnahmen betrug das Basisverhältnis $b/Z \approx \frac{1}{4}$.

Setzt man in die Beziehung (4.4) mit $b = 185$ mm; $Z = 650$ mm (umgerechnet auf eine äquivalente Luftstrecke) und $c = 380$ mm die Daten einer der hier gemachten Strömungsaufnahmen ein und berücksichtigt, daß bei der Körnigkeit der verwendeten Plattenemulsion die

Bildkoordinaten mit dem in Abb. 14 gezeigten Bildmeßgerät auf 0,01 mm genau ausgemessen werden können, so ergeben sich mit $d(x'-x'')\leqq 0{,}1\sqrt{2}$ für Z Abweichungen von

$$dZ\leqq 0{,}14\,\mathrm{mm}.$$

Die bis dahin abgeschätzten Abweichungen können durch Fehler in den Orientierungsdaten weiter vergrößert werden. Um dies zu vermeiden, wurde angestrebt, die Orientierungsfehler so klein zu halten, daß sie gegenüber den Bildmeßfehlern vernachlässigt werden können.

Bei den Daten der äußeren Orientierung gelingt dies dadurch, daß sie mit Hilfe von Paßpunkten[4] für jede Aufnahme neu berechnet werden. Die Daten der inneren Orientierung, die als Bekannte in die Rechnung eingesetzt werden, müssen für die jeweilige Kameraeinstellung an den dafür vorgesehenen Maßstäben (s. Kap. 4.2.2) bis auf gewisse Höchstfehler abgelesen werden können. Eine Abschätzung, die nach den Ausführungen in [44], Seite 140ff., durchgeführt wurde, ergab folgende zulässige Ablesefehler:

Für die nach Konstruktion beiden Kammern gemeinsame Bildweite $\Delta c\leqq \pm 0{,}05$ mm, für die ebenfalls nach Konstruktion beiden Kammern gemeinsame Neigung der Bildebene $\Delta\delta\leqq\pm 0{,}035°$ und für die Bildhauptpunktkoordinaten in Richtung der Verschiebbarkeit der Kassettenhalter $\Delta x'_h=\Delta x''_h\leqq\pm 0{,}01$ mm.

Die betreffenden Einstellgenauigkeiten sind $\Delta c\leqq\pm 0{,}02$ mm; $\Delta\delta\leqq \pm 0{,}01°$ und $\Delta x'_h=\Delta x''_h\leqq\pm 0{,}02$ mm. Während also bezüglich c und δ die berechneten zulässigen Fehler unterschritten werden, wird dies zwar bei $\Delta x'_h$ und $\Delta x''_h$ nicht erreicht, doch ist in diesem Falle eine Korrektur durch Paßpunkte möglich.

Es sei noch vermerkt, daß bei dem hier angewandten Rechenverfahren zur Lösung der Orientierungsaufgabe darauf verzichtet wurde, die Größen der inneren Orientierung ebenfalls variabel einzusetzen, da nicht untersucht wurde, inwieweit dann noch die Orientierungsaufgabe eindeutig lösbar ist.

Zur Überprüfung der Fehlerabschätzung wurden die durch photogrammetrische Auswertung eines Stereomeßpaares gefundenen Raumkoordinaten von Paßpunkten mit der Theodolitmessung verglichen. Die Differenzen sind in Tabelle 1 neben den entsprechenden Raumpunktkoordinaten aufgeführt. Es zeigt sich, daß die oben abgeschätzte photogrammetrische Meßgenauigkeit eingehalten werden kann.

---

4 Als Paßpunkte dienten auf die Modellwand eingeritzte Marken eines Quadratmaschennetzes, deren Lage bezüglich eines räumlichen Koordinatensystems mit Theodoliten auf 0,02 mm genau in der Lage und auf 0,05 mm genau in der Tiefe vermessen wurde.

Tabelle 1. Photogrammetrische Bestimmung von Paßpunkten auf dem Strömungsmodell und Vergleich mit der Theodolitmessung

Punkt	X [mm]	ΔX [mm]	Y [mm]	ΔY [mm]	Z [mm]	ΔZ [mm]
1	677,71	−0,05	769,42	−0,09	75,94	−0,06
2	727,51	−0,04	768,64	−0,01	75,59	−0,11
3	777,65	−0,06	768,71	−0,02	75,79	−0,09
4	677,39	0,02	815,27	−0,06	95,33	0,15
5	727,54	−0,02	814,89	−0,01	94,97	−0,06
6	777,27	−0,01	814,87	0,07	95,29	−0,00
7	677,06	0,01	860,41	0,06	118,07	0,05
8	727,10	0,00	859,27	−0,11	117,65	0,17
9	777,07	0,00	859,80	0,10	117,71	0,00
10	676,71	0,07	903,78	−0,03	143,44	0,08
11	726,74	−0,01	902,67	0,08	142,99	−0,02
12	676,26	0,09	945,82	−0,01	170,00	−0,06
13	776,49	0,01	945,25	−0,02	169,49	−0,04

Nach diesen Betrachtungen läßt sich der bei der photogrammetrischen Bestimmung von $\Delta\mathfrak{s}$ entstehende Fehler wie folgt angeben: Wählt man Δt, die Zeit zwischen zwei Belichtungen, stets so groß, daß die Wasserstoffbläschen währenddessen eine Strecke $\Delta s \geqq 3{,}5$ mm zurücklegen, dann ist der diesbezügliche, in die Geschwindigkeitsmessung eingehende Fehler stets

$$f_{\Delta s_1} \leqq 4\%.$$

2. *Mittelungsfehler.* Mit $\Delta\mathfrak{s}$ als dem Weg eines Bläschens zwischen zwei Belichtungen berechnet man nach Gleichung (4.1) für $\mathfrak{v}_B$ den zeitlichen Mittelwert einer nach Lagrange definierten Geschwindigkeit. Da sich eine solche bei instationären Strömungen von der hier gesuchten Eulerschen Geschwindigkeit unterscheidet, entsteht ein Fehler, der um so größer wird, je größer Δs gewählt wird. In [20], S. 22ff., wurde er für eine turbulente Wandgrenzschicht bei $\Delta s \approx 5$ mm mit 1,1% abgeschätzt. Bei den hier gewählten Weglängen Δs und in der gestörten laminaren Strömung gilt daher sicher:

$$f_{\Delta s_2} < 1{,}1\%.$$

3. *Fehler durch den Nachlauf des Sondendrahtes.* Solange sich die Bläschen im Nachlauf des Sondendrahtes bewegen, wird ihre Geschwindigkeit entsprechend kleiner als außerhalb davon. Messungen von V. Graefe [24] ergaben, daß spätestens nach 500 Drahtdurchmessern (hier 12,5 mm) der Geschwindigkeitsverlust abgeklungen ist. Da hier stets in größerem Abstand von der Sonde gemessen wurde, kann dieser Fehler vernach-

lässigt werden, zumal die Bläschen, wie Versuche zeigten, bei horizontalen Sonden schon sehr rasch aus dem Nachlauf heraustreten.

4. Fehler infolge der Trägheitswirkung. Infolge des großen Dichteunterschieds zwischen Wasser und Wasserstoff ist die Zeit, in der die Bläschen auf die sie umgebenden Flüssigkeitsteilchen beschleunigt werden, sehr kurz und macht sich nur bei instationären Strömungen bemerkbar. Nach [20], S. 31, kann dadurch in einer turbulenten Wandgrenzschicht ein Fehler von 0,5% entstehen. Bei einer gestörten laminaren Grenzschichtströmung wird die Abweichung sicher kleiner sein, so daß sie gegenüber anderen Fehlern vernachlässigt werden kann.

5. Fehler durch Bläschenauftrieb. Die ebenfalls wegen des Dichteunterschieds zwischen Wasser und Wasserstoff auftretenden Auftriebskräfte bewirken bei den Gasbläschen eine Eigenbewegung in vertikaler Richtung. In [20] wurde deren Endgeschwindigkeit unter der Annahme, daß für die mit dem Durchmesser gebildete Reynoldssche Zahl $Re_d < 1$ gilt, für ein einzelnes Bläschen mit $v_A = 0{,}4$ mm/s berechnet. Eigene Messungen zeigen, daß dieser Wert in der Nähe der Sonde, wo die Bläschen sehr dicht beisammen liegen, stets überschritten wird. Ein bis zwei Zentimeter stromabwärts von der Sonde liegt er bei $v_A = 0{,}4 - 0{,}5$ mm/s. Es bleibt daher ein zusätzlicher, nicht zu korrigierender Restfehler von weniger als 0,1 mm/s. Damit wird bei der Messung von Geschwindigkeitskomponenten in vertikaler Richtung, die mehr als 0,5 cm/s betragen, der nicht zu korrigierende Restfehler

$$f_{\Delta s_5} < 2\%.$$

6. Fehler durch die Zentrifugalkraft. Eine weitere Eigenbewegung der Gasbläschen wird in einem Strömungsfeld mit gekrümmten Stromlinien durch die Zentrifugalkraft Z verursacht, da diese entsprechend der Dichte mit unterschiedlicher Größe auf Gasbläschen und die sie umgebenden Flüssigkeitsteilchen einwirkt. Vergleicht man diese Massenkraft mit der Auftriebskraft A, so gilt bei den hier vorliegenden Strömungsverhältnissen ($U < 0{,}3$ m/s, $R = 1$ m) grob abgeschätzt

$$\frac{Z}{A} = \frac{\frac{\pi}{6} d^3 (\rho_{H_2O} - \rho_{H_2}) \frac{U^2}{R}}{\frac{\pi}{6} d^3 (\rho_{H_2O} - \rho_{H_2}) g} < \frac{U^2}{R g} < \frac{1}{100}$$

d.h. die Eigenbewegung infolge der Wirkung der Zentrifugalkraft kann hier vernachlässigt werden.

7. Fehler in Δt. Wie in Kap. 4.1.3 erläutert, ist der Fehler in $\Delta t < 1\permil$ und kann vernachlässigt werden.

Gesamtfehler. Bei der Berechnung des mittleren quadratischen Gesamtfehlers in U gehen also nur die Fehler in Δs ein. Mißt man bei Zeitlinienabständen $\Delta s > 4$ mm, so ist

$$f_{\Delta s \text{ ges.}} < \sqrt{4^2 + 1{,}1^2 + 2^2} \approx 4{,}5\%.$$

Sofern wie hier eine gestörte laminare Grenzschichtströmung vorliegt, die dem stationären Zustand nahekommt, kann Δs auch größer gewählt werden; der Gesamtfehler wird dann noch kleiner.

4.3. Störungserzeuger

In einer instabilen laminaren Grenzschichtströmung bilden sich die Instabilitäten aus Anfangsstörungen verschiedener Intensität und willkürlicher Form, wie sie in jeder Strömung in zufälliger Verteilung vorhanden sind. Natürliche Störungen treten deshalb je nach Anfangsintensität in verschieden stark angefachtem Zustand auf (s. Abb. 17). Es bildet sich daher ein sehr unregelmäßiges Strömungsfeld, das für eine systematische Untersuchung der Vorgänge, die zum laminar-turbulenten Umschlag führen, nicht geeignet ist. Man erhält lediglich Aufschluß darüber, welcher Art die Störungen sind, gegen die die untersuchte Grenzschicht zuerst instabil wird. Haben überdies die Anfangsstörungen nur sehr geringe Intensität, so werden die Instabilitäten erst sichtbar bzw. meßbar, wenn sie schon sehr stark angefacht sind. Ihre Weiterentwicklung bis zum laminar-turbulenten Umschlag erfolgt beinahe

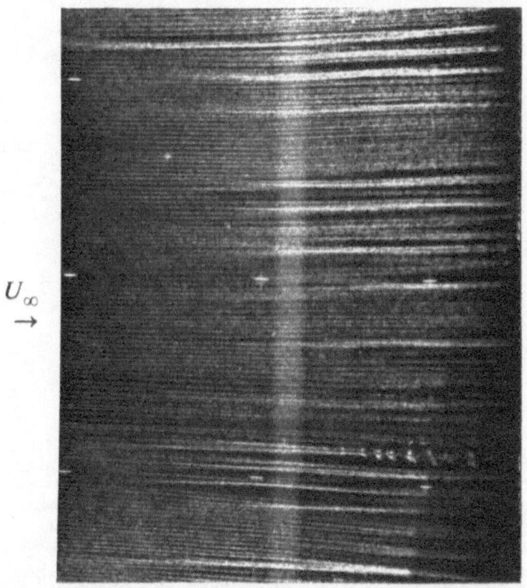

Abb. 17. Natürliches Auftreten von Instabilitäten bei störungsbehafteter Anströmung $R = 0{,}5$ m; $U_\infty = 0{,}1$ m/s; $G = 5{,}5$ (Bildmitte)

explosionsartig (s. Abb. 29, S. 50), wobei die Beobachtung ihrer zeitlichen und räumlichen Entwicklung mit den zur Verfügung stehenden Mitteln nicht mehr möglich ist.

Diese Hindernisse für die beabsichtigten Untersuchungen sind nur dadurch zu umgehen, daß in der Grenzschicht Störungen in gleichmäßiger Verteilung und genügender Anfangsintensität erzwungen werden, wie es seit G. B. Schubauer und H. K. Skramstadt [25] üblich ist. Bei den hier beschriebenen Experimenten wurden, wie in den folgenden Kapiteln näher ausgeführt, Siebe und geheizte Drähte als Störungserzeuger verwendet.

4.3.1. Siebe als Störungserzeuger

Um ein möglichst isotropes Störungsfeld zu schaffen, wurden Textilsiebe mit gleichförmig verteilten Maschen gleicher Größe ca. 20 cm vor das Modell gespannt (s. Abb. 18). Die Stärke der Perlonfäden beträgt 0,2 mm, die Maschenweite 0,5 mm (quadratische Maschenform), 2 mm und 4 mm (jeweils sechseckige Maschenform). Nach [26] werden dahinter entstehende Störungen gedämpft, wenn eine mit dem Fadendurchmesser der Siebe gebildete kritische Reynoldssche Zahl, die vom Öffnungsverhältnis des Siebes (offene Siebfläche/gesamte Siebfläche) abhängt, nicht überschritten wird. Sie beträgt bei den drei Sieben $Re_{krit} = 42$, 66 bzw. 70. Das bedeutet, daß die Anströmgeschwindigkeit kleiner als 0,21 m/s, 0,33 m/s und 0,35 m/s bleiben muß, damit die Nach-

U_∞ ←

Abb. 18. Modell mit vorangeschlepptem Sieb

laufstörungen hinter dem Sieb in isotroper Turbulenz ausklingen. Darüber hinaus sind die Öffnungsverhältnisse der verwendeten Siebe auch groß genug (0,59; 0,80; 0,90), um Schwankungen von U längs der Spannweite auszuschließen, welche die Wellenlänge der Längswirbelstörung festlegen könnten. P. Bradshaw [27] hatte nämlich bei Windkanalversuchen in Spannweitenrichtung verlaufende Schwankungen der Grenzschichtgeschwindigkeit U an ebenen Wänden gemessen, wenn in der Beruhigungskammer Siebe verwendet wurden, deren Öffnungsverhältnis den Wert von 0,57 unterschritt.

4.3.2. Geheizte Drähte als Störungserzeuger

Hier handelt es sich um eine neue Art von Störungserzeugern. Bei ihrer Konzeption wurde bereits das in den Versuchen ohne Störungserzeuger und mit Sieben als Störungserzeuger gefundene Ergebnis ausgenutzt, das besagt, daß in der vorliegenden instabilen, stark konkaven Grenzschicht von all den vorhandenen Störungen verschiedenster Form (hinter Sieb) stets Längswirbel einer bestimmten Wellenlänge zuerst angefacht werden (s. Kap. 5.1). Um diese entlang der Spannweite durch einen kleinen Anfangsimpuls gleichmäßig anzuregen, wurden nahe der Vorderkante des Modells vier Heizdrahtwicklungen eingezogen. Die Windungsteile auf der konkaven Fläche verlaufen parallel und in Strömungsrichtung (s. Abb. 19). Ihre Abstände entsprechen den bei Versuchen mit Sieben gefundenen mittleren Wellenlängen. Die Drähte sind aus einer nicht oxidierenden Platin-Rhodium-Legierung hergestellt und haben einen Durchmesser von 0,1 mm. Ihr spezifischer Widerstand beträgt $\rho = 44{,}6\ \Omega/\mathrm{m}$.

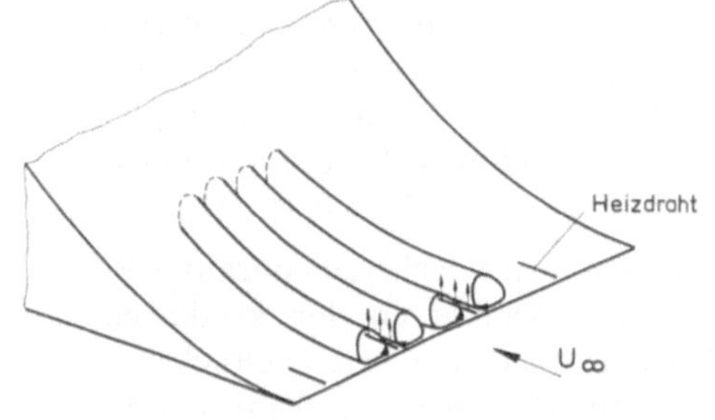

Entstehung der Längswirbel über den Heizdrähten

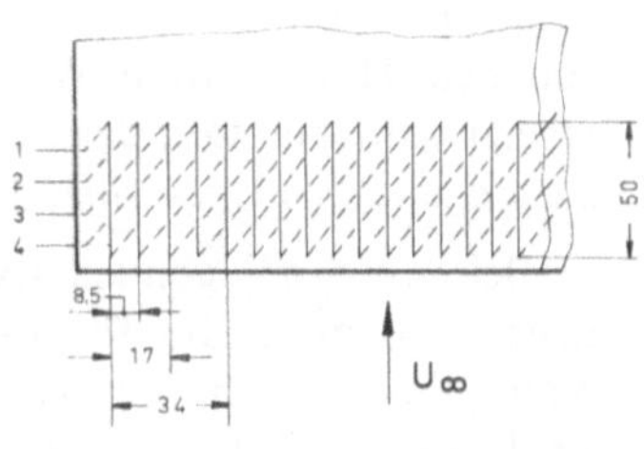

Heizdrahtwicklung an der Vorderkante

Abb. 19. Geheizte Drähte als Störungserzeuger

Beim Aufheizen der Wicklungen mit einem Wechselstrom von 50 Hz werden die in unmittelbarer Nähe befindlichen Flüssigkeitsteilchen erwärmt und infolge des dadurch verursachten Auftriebs in eine Bewegung versetzt, welche der vertikalen Geschwindigkeitskomponenten in der Mitte der Längswirbelpaare entspricht. Durch Heizen einer, zweier oder aller vier Heizwicklungen können in der instabilen konkaven Grenzschicht Längswirbelpaare von drei verschiedenen Wellenlängen erzwungen werden, die untereinander in dem Verhältnis 1:2:4 stehen. Durch diese Maßnahme ist es möglich, den Einfluß der Wellenlänge auf die Anfachung nachzuprüfen.

Die Anfangsintensität der Störungen kann durch die an der Heizwicklung angelegte Spannung variiert werden. Sie wurde bei den Versuchen so eingestellt, daß am Draht je nach Anströmgeschwindigkeit Übertemperaturen θ zwischen 0 und 60 °C entstanden.

Bei $\theta = 0$ wirken die auf der untersuchten Modellfläche aufliegenden Wicklungsteile der Heizdrähte lediglich wie ein einzelnes Rauhigkeitselement. Nach [9] und [28] kann ein solches ebenfalls Längswirbel nach sich ziehen, falls für die mit der Rauhigkeitshöhe K gebildete Reynoldssche Zahl gilt:

$$\mathrm{Re}_K = \frac{K U_K}{\nu} > 300\,\mathrm{Re}_{\mathrm{krit}}$$

(U_K = Geschwindigkeit am oberen Ende des Rauhigkeitselements).

Bei den hier vorgenommenen Experimenten blieb Re_K stets kleiner als $\mathrm{Re}_{\mathrm{krit}}$, doch wurde $\mathrm{Re}_{\mathrm{krit}}$ in [28] an einer ebenen Platte für ein kugelförmiges Rauhigkeitselement gefunden, während es sich hier um 50 mm lange, in Strömungsrichtung verlaufende Drahtstücke handelt. Solche werden sicherlich stärkere Störungen verursachen. Die Versuche zeigten dann auch, daß bereits bei Geschwindigkeiten $U_K > 0{,}6$ m/s bzw. $\mathrm{Re}_K > 60$ von den Heizdrähten Wirbelpaare ausgehen, wie sie in [9] und [28] gezeigt wurden. Um das an der konkaven Wand entstehende Wirbelfeld anzuregen, genügten aber bereits Geschwindigkeiten $U_\infty > 0{,}15$ m/s.

Bei den vorliegenden Experimenten war von vornherein darauf verzichtet worden, die für die instabile Grenzschicht an der konkaven Wand theoretisch vorausgesagte Längswirbelstörung, wie vielfach geschehen ([13], [15]), durch kleine Tragflügel anzuregen, denn mit diesen werden außer den gewünschten Randwirbeln gleichzeitig noch zeitlich periodische Störungen im Nachlauf der Profilhinterkante erzwungen (s. Abb. 20). Gegen letztere ist zwar die konkave Grenzschicht der untersuchten Modelle nach der linearisierten Theorie noch stabil, doch können sie bei genügender Intensität über nichtlineare Kopplungseffekte etwa

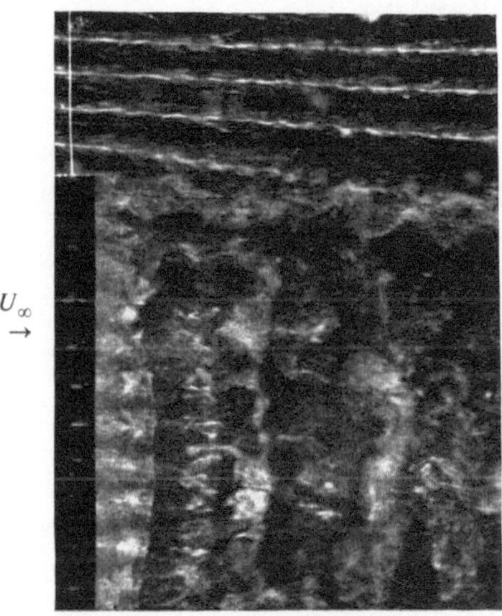

Abb. 20. Streichlinienaufnahme vom Nachlauf eines 0,3 mm dicken Tragflügels von 8 mm Tiefe und 30 mm Breite. $U_\infty = 0{,}4$ m/s; $\mathrm{Re} = 3{,}2 \cdot 10^3$ (gebildet mit der Flügeltiefe als charakteristischer Länge). Blickrichtung von oben auf die Saugseite des Tragflügels

nach dem theoretischen Modell von K. Menzel [29] oder J. T. Stuart [30] trotzdem wirksam werden.

5. Versuchsergebnisse

5.1. Die in der Grenzschicht an einer konkaven Wand auftretende Instabilität

Um herauszufinden, von welchem Typ die Instabilitäten sind, die sich in der instabilen laminaren Grenzschichtströmung an einer konkaven Wand bilden, wurden bei den Versuchen zunächst keine Störungserzeuger verwendet. Daran anschließend wurde mit den in Kap. 4.3.1 beschriebenen Sieben der Anströmung ein isotropes Störungsfeld überlagert, das die Komponenten für alle denkbaren Wirbeltypen enthielt. Es sollte sich zeigen, welche davon angefacht werden und inwieweit die dabei entstehenden Instabilitäten denen gleichen, die sich ohne Sieb bilden. Schließlich sollte mit den Heizdrähten (Kap. 4.3.2) ein Störungserzeuger eingesetzt werden, der möglichst nur den bis dahin ermittelten Instabilitätstyp anzuregen vermag.

Falls es sich, wie in der Theorie angenommen, um gegenläufig rotierende Längswirbelpaare handelt, so werden hinter horizontalen

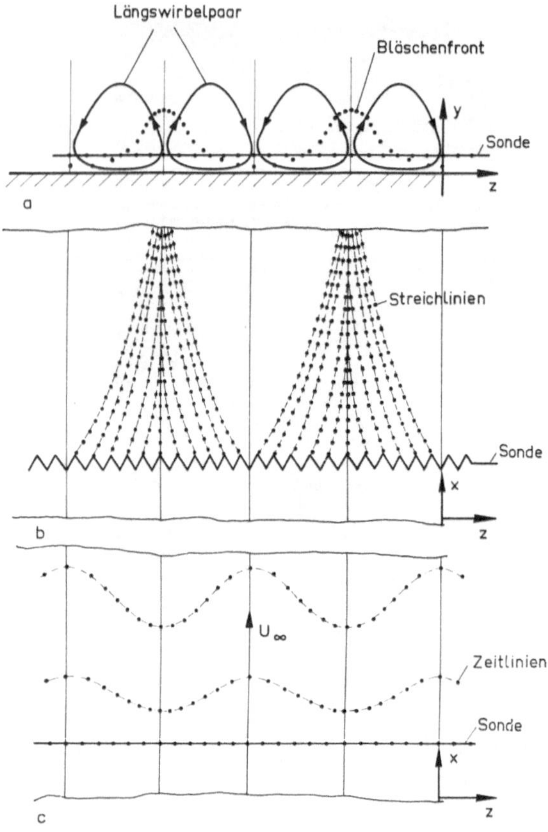

Abb. 21. Streich- und Zeitlinienkonfigurationen hinter horizontalen Sonden in einer durch gegenläufig rotierende Längswirbelpaare gestörten laminaren Grenzschichtströmung

Sonden solche Streich- und Zeitlinienbilder entstehen, wie sie in Abb. 21 b bzw. c skizziert sind. Je nach dem, ob die Sonde über oder unter (Abb. 21 a) der Wirbelachse liegt, werden die Streichlinien an den Stellen, an denen die Störkomponente v nach oben gerichtet und $w=0$ ist, auseinander- oder zusammenlaufen (Abb. 21 b). Die Zeitlinien werden Wellenform erhalten, wobei die Wellenberge jeweils dort auftreten, wo v zur Wand hin gerichtet und w wiederum Null ist (Abb. 21 c). Während also durch Streichlinien besonders die Störkomponente w sichtbar gemacht werden kann, lassen die Zeitlinien den Verlauf von u längs der Spannweite erkennen. Weiteren Aufschluß über Bläschenbewegungen vermögen wechselnde Bildhelligkeiten auf den Aufnahmen zu geben. Solche entstehen nämlich dann, wenn Bläschen zusammen- bzw. auseinanderlaufen und Zonen verschiedener Dichte bilden, die in entsprechender Weise verschieden große Lichtmengen reflektieren.

5.1.1. Versuche ohne Störungserzeuger

In gut beruhigtem Wasser (Beruhigungszeit etwa 1 Std), d.h. bei einer weitgehend störungsfreien Anströmung, werden die Instabilitäten erst bei Görtlerparametern sichtbar, die weit über dem kritischen Wert liegen. Von da an werden sie aber so stark angefacht, daß sich schon nach einer kurzen Wegstrecke stromabwärts davon der Umschlag vollzieht.

Einen Einblick in ein solches Strömungsfeld vermag Abb. 22 zu geben. Es handelt sich hier um eine Streichlinienaufnahme, für die die Bläschen intermittierend erzeugt wurden[5]. Die zunächst in Spannweitenrichtung geradlinig verlaufenden Bläschenfronten werden weiter stromabwärts wellenförmig. Das bedeutet, der laminaren Grundströmung hat sich eine in z periodische Störkomponente u überlagert. Die an den Wellenbergen auffallende größere Bildhelligkeit weist darüber hinaus auf das Vorhandensein einer ebenfalls in z periodischen Störkomponente w hin.

Wiederholt man diesen Versuch bei noch nicht völlig beruhigtem Wasser, d.h. wenn in der Anströmung zufällig verteilte Störungen größerer

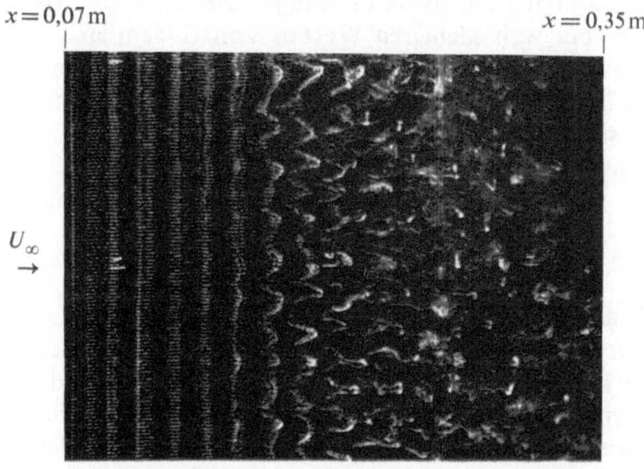

Abb. 22. Streichlinienaufnahme von der instabilen Grenzschichtströmung ohne erzwungene Störungen. Modell $R = 0{,}5$ m; $U_\infty = 0{,}5$ m/s; $G = 9$ (an der Umschlagstelle); $x_S = 0{,}08$ m; $y_S/\delta \approx 0{,}7$

5 Aufnahmeanordnung und Blickrichtung der Kamera wie bei allen Aufnahmen ohne besonderen Hinweis nach Abb. 6, S. 19.

Abb. 23. Streichlinienaufnahme von der instabilen Grenzschichtströmung ohne erzwungene Störungen, aber bei von zufälligen Störungen behafteter Anströmung. $R=0{,}5$ m; $U_\infty=0{,}125$ m/s; $G_S=3{,}84$; $x_S=0{,}2$ m; $y_S/\delta\approx 0{,}3$

Intensität vorhanden sind, so werden diejenigen darunter, die angefacht werden, schon bei weit kleineren Werten von G sichtbar, allerdings in sehr unregelmäßiger Formation und bei verschiedener Intensität, wie in Abb. 23 zu erkennen ist. Für diese Aufnahme wurde die Strömung mit Streichlinien sichtbar gemacht. Dadurch wird das Auftreten der Störkomponente w nunmehr auch in direkter Weise durch die sich abwechselnd verringernden und verbreiternden Streichlinienabstände angezeigt (vgl. Abb. 21 b).

5.1.2. Versuche mit Sieben

Ein qualitativ gleiches, aber regelmäßigeres Strömungsbild entsteht, wenn man durch Voranschleppen eines der in Kap. 4.3.1 beschriebenen Siebe der laminaren Anströmung ein isotropes Störungsfeld überlagert. Die Streichlinien (Abb. 24) laufen in Spannweitenrichtung gesehen wiederum abwechselnd zusammen und auseinander, wobei sich nunmehr deutlicher als zuvor (Abb. 23) in Strömungsrichtung verlaufende Streifen größerer Bläschendichte bilden. Stereoaufnahmen[6] (s. Abb. 25), bei denen

6 Die Stereoaufnahmen können mit einem Taschenstereoskop betrachtet werden. Die beiden Teilbilder sind ohne Zwischenräume aneinandergefügt. Das Taschenstereoskop muß in horizontaler und senkrechter Richtung verschoben werden, um jeden Bildausschnitt betrachten zu können.

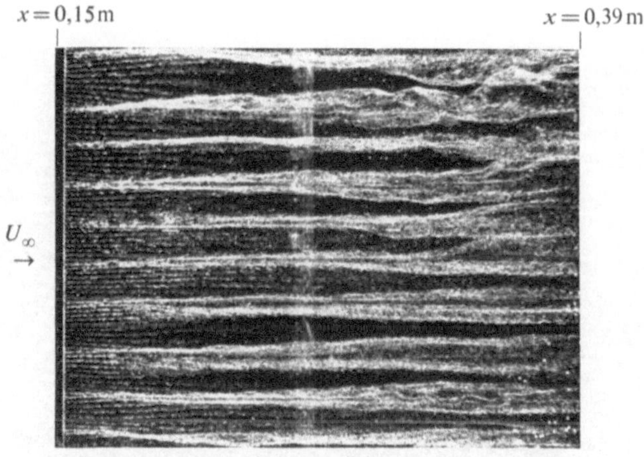

Abb. 24. Streichlinienaufnahme von der instabilen Grenzschichtströmung mit durch Sieb erzwungenen Störungen. $R=0{,}5$ m; $U_\infty=0{,}11$ m/s; $G=4$; $K=145$; $x_S=0{,}15$ m; $y_S/\delta\approx 0{,}3$

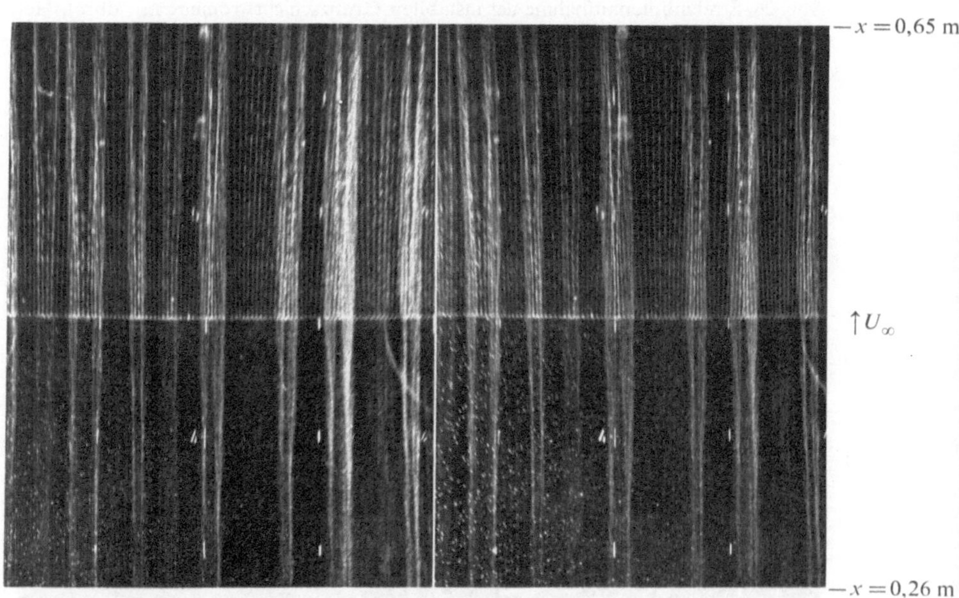

Abb. 25. Stereoaufnahme von der instabilen Grenzschichtströmung mit durch Sieb erzwungenen Störungen, sichtbar gemacht durch zwei aufeinanderfolgende Sonden. $R=1$ m; $U_\infty=0{,}1$ m/s; $G=5{,}7$ (bei x_{S_2}); $x_{S_1}=0{,}25$ m; $x_{S_2}=0{,}45$ m; $y_{S_1}/\delta\approx 0{,}3$; $y_{S_2}/\delta\approx 0{,}3$

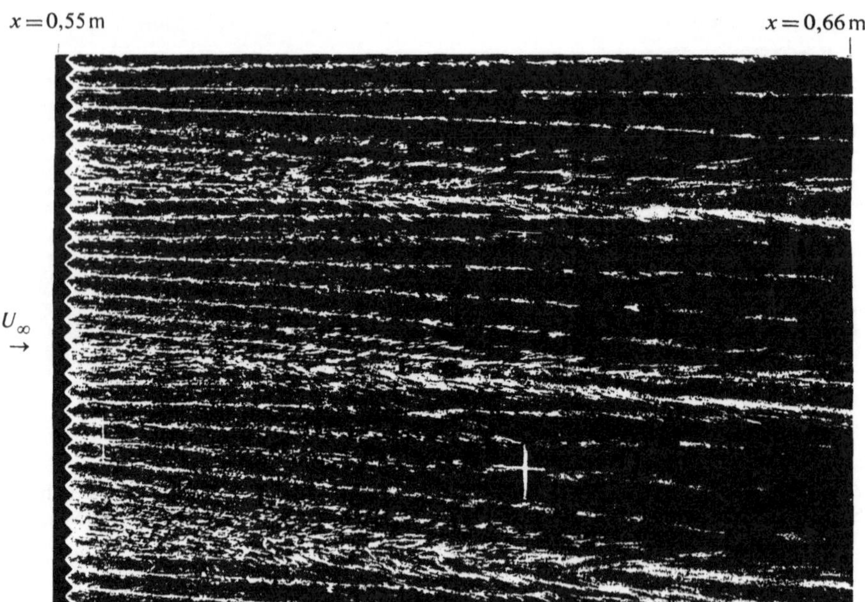

Abb. 26. Streichlinienaufnahme der instabilen Grenzschichtströmung mit durch Heizdrähten erzwungenen Störungen. $R = 1$ m; $U_\infty = 0{,}05$ m/s; $G_S = 5{,}5$; $x_S = 0{,}55$ m; $y_S/\delta \approx 0{,}25$

Abb. 27. Zweifach belichtete Zeitlinienaufnahme der in Abb. 26 gezeigten Strömung. $\Delta t = 0{,}080$ s

die Sonde wie in Abb. 21 unterhalb der Wirbelachse liegt, zeigen, daß sich die Bläschen dieser Längsstreifen nach oben bewegen, während sich diejenigen der dazwischenliegenden Stellen nach unten bewegen.

Damit kann zusammenfassend festgestellt werden, daß sich in der Grenzschicht des untersuchten Modells der instabilen laminaren Grundströmung angefachte Störungen u (Abb. 22) v und w (Abb. 23, 24 und 25) mit einer Periodizität in z überlagern, die denjenigen des bei der linearisierten Theorie gemachten Störungsansatzes zumindest ähnlich sind und daß aus der ganzen Mannigfaltigkeit von Störkomponenten in der Anströmung stets nur diejenigen angefacht werden, die zur Bildung dieser dreidimensionalen Instabilität beitragen.

5.1.3. Versuche mit geheizten Drähten

Nach diesem rein qualitativen Ergebnis konnten nun mit den Heizdrähten, wie in Kap. 4.3.2 beschrieben, Störungserzeuger entwickelt und eingesetzt werden, die zwar Längswirbel anregen, aber sonst keine zusätzlichen andersartigen Störungen verursachen. Daraufhin gemachte Streich- und Zeitlinienaufnahmen (Abb. 26 und 27) zeigen qualitativ

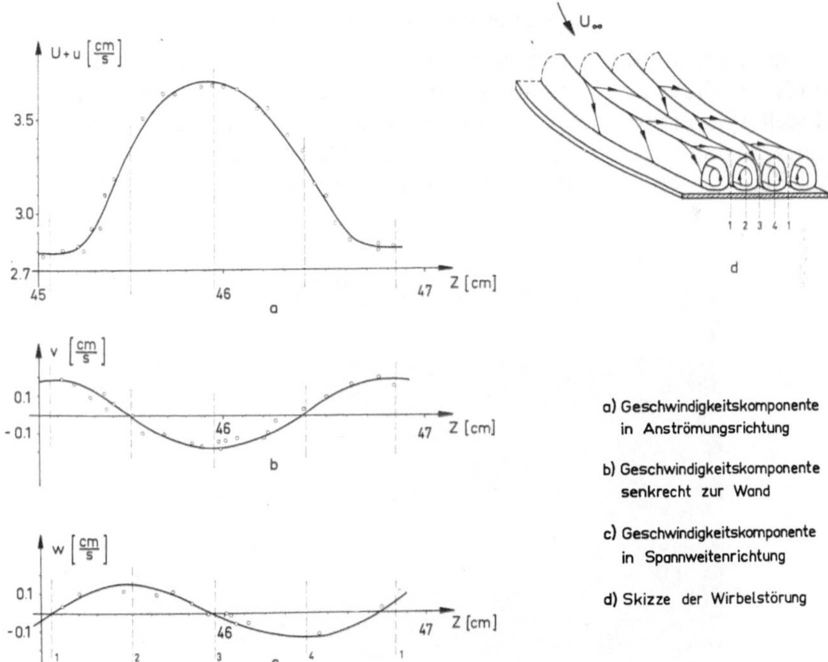

Abb. 28. Ergebnis der photogrammetrischen Auswertung von zweifach belichteten Zeitlinienaufnahmen nach Abb. 27

dieselben Instabilitäten, wie die Abb. 23, 24 und 22, überdies ist nun auch das Strömungsfeld regelmäßig genug geworden, um reproduzierbare Messungen durchzuführen.

Die zweifach belichtete Zeitlinienaufnahme in Abb. 27 ist Teilbild eines der Stereomeßpaare, die nach der in Kap. 4.2 beschriebenen Methode ausgewertet wurden. Ein erstes Ergebnis, das auf diese Weise gewonnen wurde, ist der in Abb. 28a, b und c angegebene Verlauf der Geschwindigkeitskomponenten $U+u$, v und w längs der Spannweitenrichtung z im Wandabstand $y/\delta \approx 0{,}5$. Durch die mit den Ziffern 1, 2, 3, 4 gekennzeichneten gestrichelten Linien können die gemessenen Geschwindigkeitswerte den entsprechenden Stellen im daneben skizzierten Wirbelfeld sowie der Strömungsaufnahme in Abb. 27 zugeordnet werden.

Vergleicht man dieses Ergebnis mit dem von Görtler [1] bei seinen Stabilitätsuntersuchungen gemachten und in Abb. 1, S. 10, angegebenen Lösungsansatz, dann kann auch quantitativ festgestellt werden, daß sich an der parallel angeströmten konkaven Wand im instabilen Strömungszustand Längswirbel entwickeln, die dieselbe Form haben wie diejenigen, die nach der linearisierten Stabilitätstheorie möglich sind.

5.2. Einfluß der Wandkrümmung

Der Einfluß der Krümmung auf die Entwicklung der Instabilität wurde in dieser Arbeit nur qualitativ untersucht. Zunächst war ein Modell mit einer nach dem Radius von 5 m gekrümmten Testfläche ohne Störungserzeuger untersucht worden. Dabei zeigte es sich (Abb. 29), daß der Umschlag sehr plötzlich vor sich geht (s. auch Kap. 5.1.1).

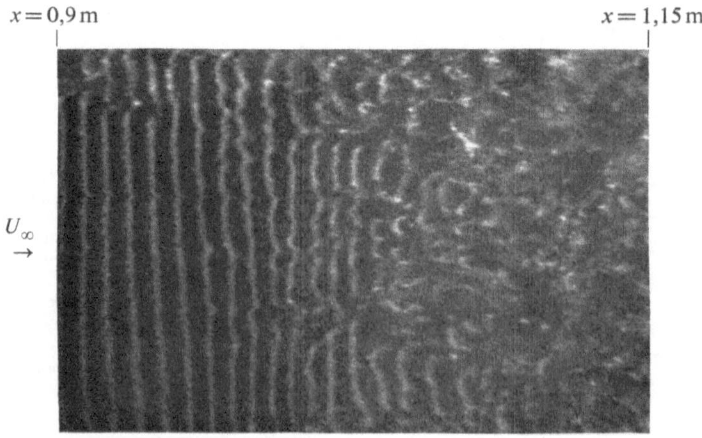

Abb. 29. Laminar-turbulenter Umschlag am Modell $R=5$ m. $U_\infty=0{,}8$ m/s; $G=8$ (im Umschlagsgebiet); $x_S=0{,}9$ m; $y_S/\delta\approx 0{,}3$

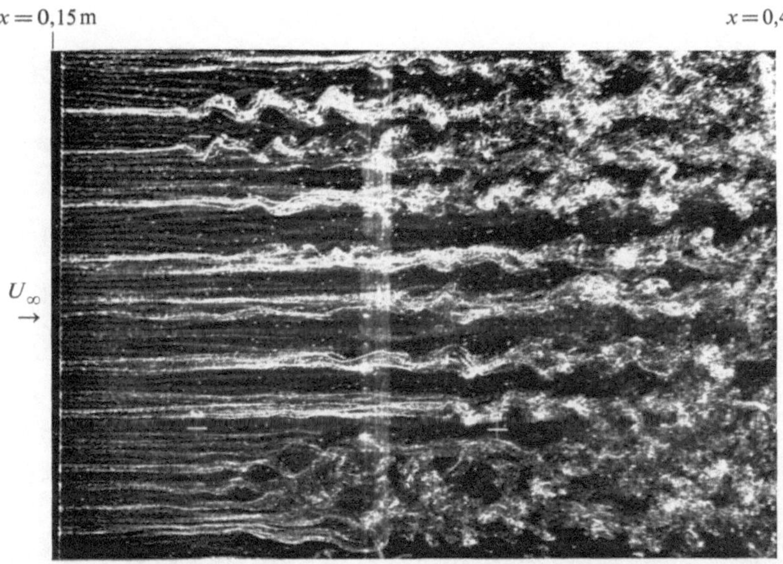

Abb. 30. Entwicklung der Instabilitäten bei Verwendung eines Siebes als Störungserzeuger. $R=0{,}5$ m; $U_\infty=0{,}52$ m/s; $G=8{,}3$ (im Umschlagsgebiet); $x_S=0{,}15$ m; $y_S/\delta\approx 0{,}4$

Instabilitäten in Form von ausgeprägten Längswirbeln konnten nicht festgestellt werden, eher Tollmien-Schlichting-Wellen, obgleich die Grenzschicht nach der linearisierten Theorie zuerst gegen Görtler-Wirbel instabil wird. Freilich liegen bei dieser kleinen Krümmung und bei der Anströmgeschwindigkeit von 0,8 m/s, die gewählt werden mußte, um die Grenzschicht noch vor dem Ende des konkav gekrümmten Modellteils bei etwa $x=1{,}1$ m, zum Umschlag zu bringen, die beiden Stabilitätsgrenzen sehr nahe beisammen, nämlich bei $x=0{,}04$ m und 0,08 m (Abb. 3, S. 15). In Abb. 29 wird das Auftreten von Tollmien-Schlichting-Wellen durch die sich in Strömungsrichtung ändernden Abstände der Zeitlinien angedeutet, welche ja in der ungestörten laminaren Strömung entsprechend der Erzeugung (s. Kap. 4.1.2 und Abb. 8b, S. 22) gleich sind. Im Gegensatz dazu konnten am Modell mit dem Krümmungsradius $R=0{,}5$ m die Görtler-Wirbel ohne Störungserzeuger eindeutig nachgewiesen werden (Kap. 5.1, Abb. 22), ebenso am Modell $R=1$ m, wenngleich bereits an diesem Längswirbel geringerer Intensität zu beobachten sind. Besonders augenfällig wird dies beim laminar-turbulenten Umschlag; denn während die Längswirbelstraßen am Modell $R=0{,}5$ m auch nach dem Umschlag noch bestehen bleiben (Abb. 30), werden sie am Modell $R=1$ m bereits zerstört (Abb. 31).

Abb. 31. Entwicklung der Instabilitäten bei Verwendung eines Siebes als Störungserzeuger. $R=1$ m; $U_\infty=0{,}25$ m/s; $G=8{,}2$ (im Umschlagsgebiet); $x_S=0{,}4$ m; $y_S/\delta\approx 0{,}4$

Weiterhin ist zu beobachten, daß sich an der stärker gekrümmten Wand der Umschlag innerhalb einer kürzeren Wegstrecke vollzieht. Da in diesem Fall auch der Görtler-Parameter mit der Grenzschichtdicke bzw. mit der Lauflänge anwächst, kann hier — ähnlich wie bei Liepmann [7], [8] – festgestellt werden, daß der Görtler-Parameter, wie in der linearisierten Theorie gefunden, den Stabilitätszustand der Grenzschicht an einer konkaven Wand zu beschreiben vermag. Liepmann hatte dies aufgrund eines seiner experimentellen Ergebnisse gefolgert, nachdem die Grenzschicht bei einer bestimmten Wandkrümmung ($R=0{,}75$ m) unabhängig von U_∞ stets dann umschlägt, wenn ein Parameterwert $G=9$ erreicht ist.

Schließlich kann man den Abb. 30 und 31 noch entnehmen, daß an den beiden stark gekrümmten Modellen tatsächlich die Längswirbel beherrschend sind und daß zweidimensionale Tollmien-Schlichting-Wellen in Übereinstimmung mit der linearisierten Theorie nicht auftreten (s. dazu auch Kap. 2.3 und Abb. 3). Auf die Frage ob nicht etwa dreidimensionale Tollmien-Schlichting-Wellen beim Umschlag mitwirken, muß später noch ausführlich eingegangen werden. Hier soll nur noch einmal deutlich gemacht werden, wie wichtig es ist, stark gekrümmte Flächen zu verwenden, wenn man die Entwicklung der Görtler-Wirbel und ihren Einfluß auf den laminar-turbulenten Umschlag untersuchen möchte. Nach dieser Einsicht wurden zu allen weiteren Versuchen die stark gekrümmten Modelle $R=0{,}5$ m und $R=1$ m herangezogen, obwohl dort aus dem oben erwähnten Grund die Entwicklung der Instabilitäten nur entlang einer kurzen Wegstrecke beobachtet werden kann.

5.3. Die Wellenlänge der Längswirbelstörung

Nach der linearisierten Theorie können die in der instabilen konkaven Grenzschicht möglichen Längswirbel innerhalb eines bestimmten Bereiches, der von der neutralen Kurve umfaßt wird (s. Stabilitätsdiagramm Abb. 2, S. 11) alle Wellenlängen annehmen. Um herauszufinden, welche davon sich schließlich durchsetzt, wurden wiederum Versuche mit vorangeschlepptem Sieb gefahren. Dabei zeigte es sich, wie schon in Kap. 5.1.2 beschrieben, daß in der instabilen laminaren Grenzschichtströmung, der ein isotropes Störungsfeld überlagert ist, Längswirbelkomponenten einer bestimmten Wellenlänge angefacht werden. Dabei hängt λ, wie die Versuche ergaben (Abb. 32a, b, c und

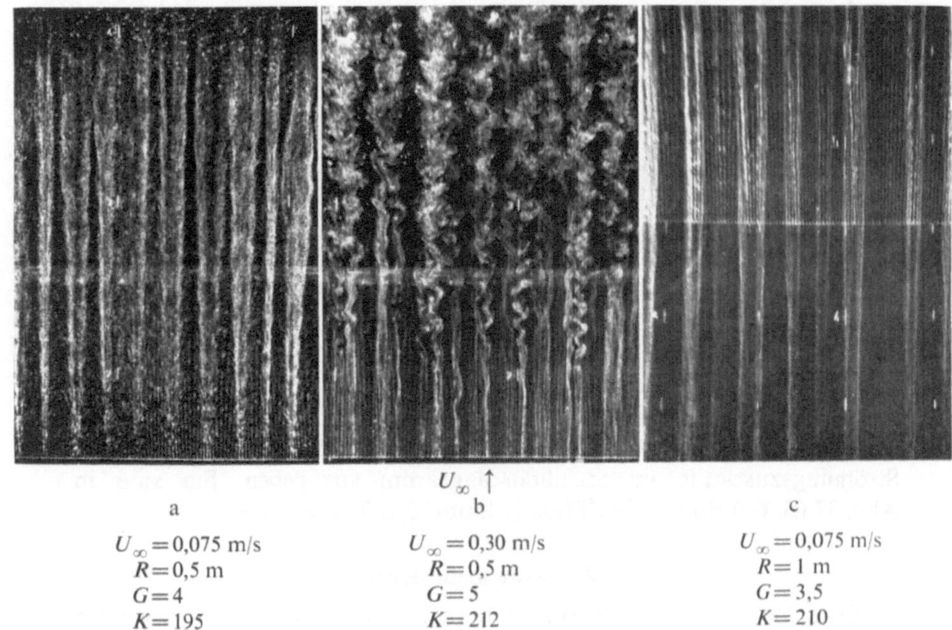

a	b	c
$U_\infty=0{,}075$ m/s	$U_\infty=0{,}30$ m/s	$U_\infty=0{,}075$ m/s
$R=0{,}5$ m	$R=0{,}5$ m	$R=1$ m
$G=4$	$G=5$	$G=3{,}5$
$K=195$	$K=212$	$K=210$

Abb. 32. Entwicklung der Instabilitäten bei Verwendung eines Siebes als Störungserzeuger

Tabelle 2

Punkt Nr.	U_∞ [m/s]	R [m]	$\lambda \cdot 10^{-2}$ [m]	K	G
1	0,075	0,5	1,5	195	4
2	0,30	0,5	0,65	212	5
3	0,075	1	2,0	210	3,5

Tabelle 2), sowohl von der Anströmgeschwindigkeit als auch von der Modellkrümmung ab.

Bildet man mit den für λ aus den Abb. 32a, b, c ermittelten mittleren Werten den für die jeweiligen Versuchsbedingungen geltenden dimensionslosen Parameter

$$K := \frac{U_\infty \lambda}{\nu} \sqrt{\frac{\lambda}{R}} = 195,$$

so erhält man für alle in Tabelle 2 angeführten Versuche nahezu gleich große Werte. Sie legen im Stabilitätsdiagramm Linien K = konst. fest, welche die neutrale Kurve sowie die Kurven konstanter Anfachung in der Nähe von deren Minima durchlaufen, also dort, wo die Längswirbel der betreffenden Wellenlänge zuerst bzw. am stärksten angefacht werden.

Ein solches Ergebnis war zwar zu erwarten, doch die Tatsache, daß es dann tatsächlich eintraf, weist auch in diesem Falle auf die Gültigkeit der linearisierten Theorie hin. Die Streuung der Werte K ist auf die immer noch vorhandenen Unregelmäßigkeiten im Strömungsfeld zurückzuführen, die auch in den Abb. 32a, b und c zu erkennen sind. Sie werden sich sicher schon deshalb sehr stark auswirken, weil die Minima der Anfachungskurven im Stabilitätsdiagramm sehr flach sind.

Weitere Versuche mit Sieben anderer Maschenweiten und -form zeigten keinen Einfluß auf die Störungen; wohl aber können Schmutzteilchen, die sich in den Sieben verfangen haben, Abweichungen von einer isotropen Störungsverteilung verursachen und dadurch natürlich auch gewisse Unregelmäßigkeiten im Strömungsfeld. Die in Tabelle 2 angegebenen Stabilitätsparameter G erlauben, zusammen mit den entsprechenden Werten K, die in den Aufnahmen der Abb. 32 gezeigten Strömungszustände im Stabilitätsdiagramm anzugeben. Sie sind in Abb. 37 (S. 60) durch die Ziffern 1, 2 und 3 gekennzeichnet.

5.4. Die neutrale Kurve

Erste Versuche, die neutrale Kurve für die Grenzschicht an einer konkaven Wand nachzuweisen, wurden bereits von Wortmann [13] angestellt. Er erzeugte an seinem schwach gekrümmten Modell (R = 20 m) mittels rhombusförmiger Tragflügel eine in Spannweitenrichtung sinusförmig verlaufende Störgeschwindigkeit u etwa so, wie im theoretischen Lösungsansatz von Görtler [1] angenommen. Indem er durch Abschneiden der Grenzschicht einen unterkritischen Stabilitätszustand herstellte, gelang es ihm, sichtbar zu machen, wie die Amplituden der Störkomponenten u zunächst abnahmen und nach einer gewissen Strecke stromabwärts wieder zunahmen. Der dem Ort der Umkehrung von Dämpfung in Anfachung entsprechende Strömungszustand wurde als Punkt der neutralen Kurve angesehen. Er ist im Stabilitätsdiagramm durch die zugehörigen Werte ($\alpha\vartheta$) und G festgelegt und liegt in der Nähe des Minimums der von Görtler [1] berechneten neutralen Kurve (Abb. 37, S. 60). Aus mehreren Gründen wurde bei den hier durchgeführten Experimenten darauf verzichtet, weitere Punkte in der Umgebung des Minimums zu bestimmen. Maßgebend dafür war der Umstand, daß man zu diesem Zweck sehr starke Störungen einführen muß, um sie schon im nicht angefachten Zustand beobachten bzw. messen zu können. Da gleichzeitig die Anströmgeschwindigkeit sehr klein zu wählen ist, wenn die Strömung gegenüber Görtler-Wirbeln längs einer genügend langen Wegstrecke stabil sein soll, werden sich u und U_∞ kaum um eine ganze Größenordnung unterscheiden können. Gerade das aber sollte nach dem in Kap. 4.3.2 Gesagten vermieden werden. Als Bestätigung der dort gemachten Einwände kann hier die Erfahrung Wortmanns vermerkt werden, daß der Ort des von ihm gefundenen neutralen Punktes nicht unabhängig ist vom Anstellwinkel der Störflügel bzw. von der Intensität der Anfangsstörungen. Auch bei den theoretischen Untersuchungen von Meksyn und Stuart [31] sowie Grohne [32] am Beispiel der Strömung zwischen parallelen ebenen Wänden ergab sich ein solcher Zusammenhang.

Gleichermaßen schwierig ist es, Punkte der neutralen Kurve weiter links von der Stelle des Minimums zu bestimmen, weil man dazu sehr breite Wirbel einführen müßte. Wie Abb. 33 zeigt, sind solche nämlich nicht beständig, sondern es bilden sich Zwischenwirbel mit halber Wellenlänge. Danach liegt ein neuer Strömungszustand vor, der im Stabilitätsdiagramm gegenüber dem alten nach rechts in das stärker angefachte Gebiet verschoben ist.

Die hier vorgenommenen Versuche zum Nachweis der neutralen Kurve waren daher lediglich darauf ausgerichtet, deren stark ansteigenden rechten Ast zu ermitteln. Zu diesem Zweck wurden bei verschiedenen Schleppgeschwindigkeiten U_∞ mit Hilfe der geheizten Drähte Anfangsstörungen erzwungen, deren Abstände in Spannweitenrichtung nacheinander 0,85, 1,7 und 3,4 cm groß gewählt wurden. Um festzustellen, ob daraus weiter stromabwärts angefachte Längswirbel der vorgesehenen Wellenlänge entstehen, wurde die Strömung in drei verschiedenen

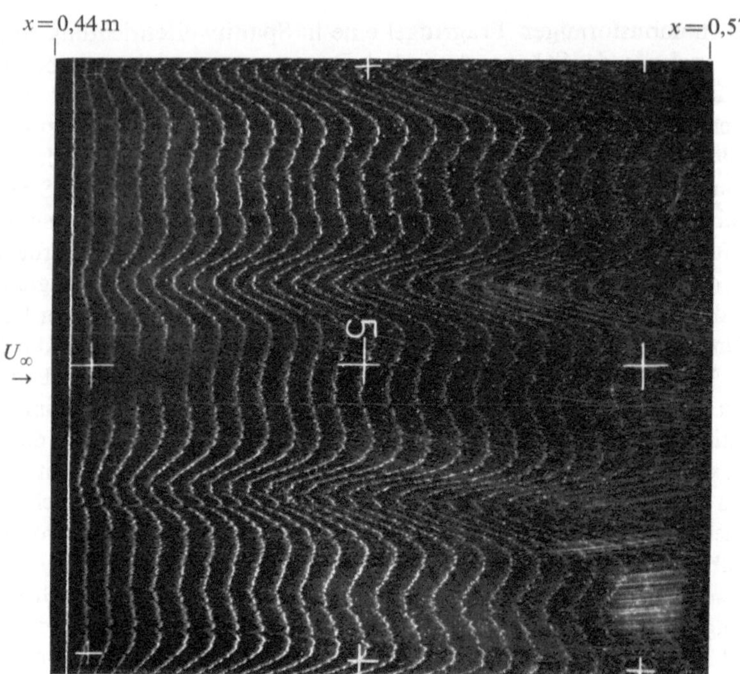

Abb. 33. Mit Heizdrähten erzwungene Störungen schwach angefachter Wellenlänge mit auf natürliche Weise hinzukommenden Wirbeln halber Wellenlänge. $R=1$ m; $U_\infty=0{,}05$ m/s; $G=2{,}86$; $K=328$; $x_S=0{,}45$ m; $y_S/\delta\approx 0{,}3$

Entfernungen von der Vorderkante durch Bläschensonden bei $x_S=$ 0,15, 0,25 und 0,40 m sichtbar gemacht und photographiert. Diesbezügliche Aufnahmen sind in den Abb. 34, 35 und 36[7] aneinandergereiht. Die einzelnen waagerechten Bildfolgen zeigen das Entwicklungsstadium der Längswirbelstörung verschiedener Wellenlänge bei gleicher Anströmgeschwindigkeit U_∞ unmittelbar hinter einer Bläschensonde. Es gilt daher für die Strömungszustände in den nebeneinander befindlichen Abb. derselbe Stabilitätsparameter G. Er ist am rechten Rande unter dem betreffenden Wert von U_∞ angegeben. Die in senkrechter Reihe stehenden Abb. zeigen Strömungen, in denen Anfangsstörungen gleicher Wellenlänge erzwungen wurden, entsprechend den darüber angegebenen Werten λ. Die Aufnahmen, die hinter derselben Sonde gemacht wurden (bei $x_S=0{,}15$; 0,25 oder 0,40 m), sind jeweils in einem Bildblatt zusammengefaßt.

7 Die auf verschiedenen Bildern zu findenden wesentlich größeren und zum Teil unscharfen hellen Flecke sind Luftbläschen, die sich auf der Unterseite des Modells festgesetzt haben.

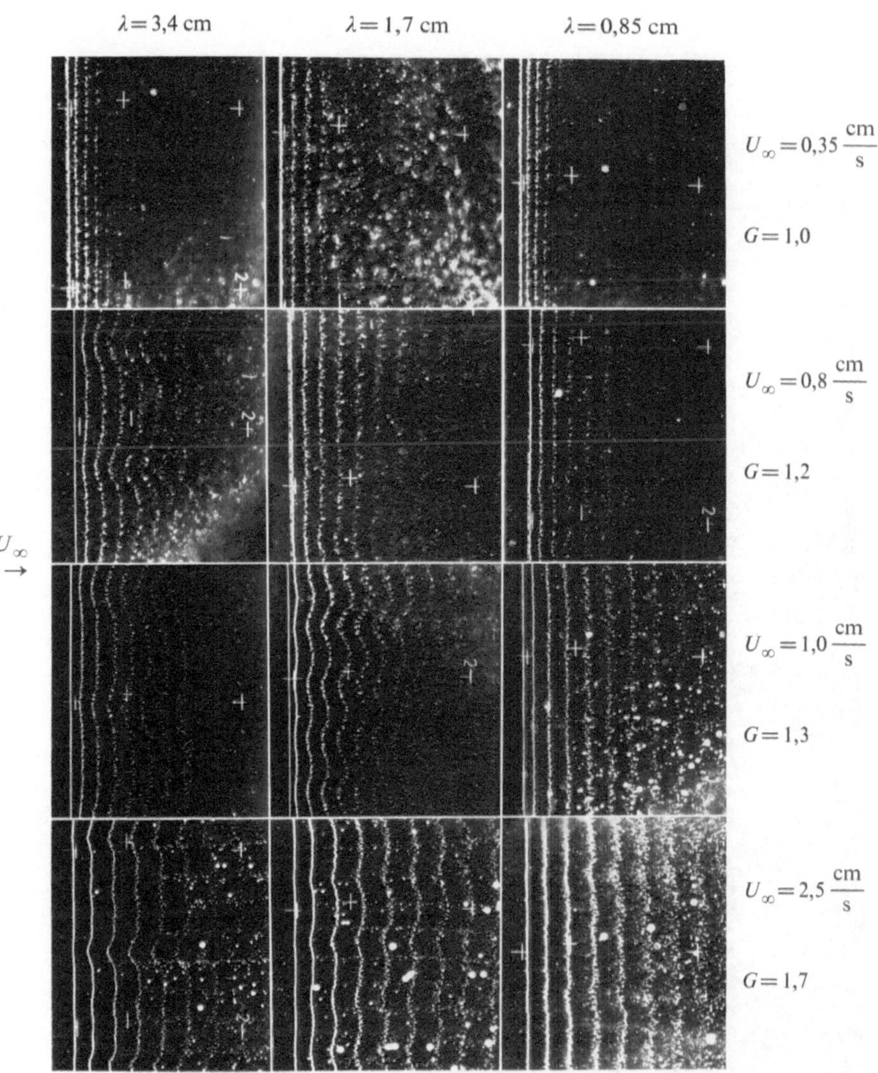

Abb. 34. Durch Heizdrähte erzwungene Längswirbelstörungen verschiedener Wellenlänge. Ort der Sonde $x_S = 0{,}15$ m; $y_S = 3$ mm

Im Stabilitätsdiagramm der Abb. 37 sind die in den Einzelbildern gezeigten Strömungszustände angegeben. Bei angefachter Wirbelstörung sind sie durch Kreise gekennzeichnet und bei gedämpfter durch Quadrate. Dadurch wird deutlich, daß sich erst dann angefachte Längswirbel bilden, wenn ein bestimmter Parameterwert $K = f(G)$ überschritten ist.

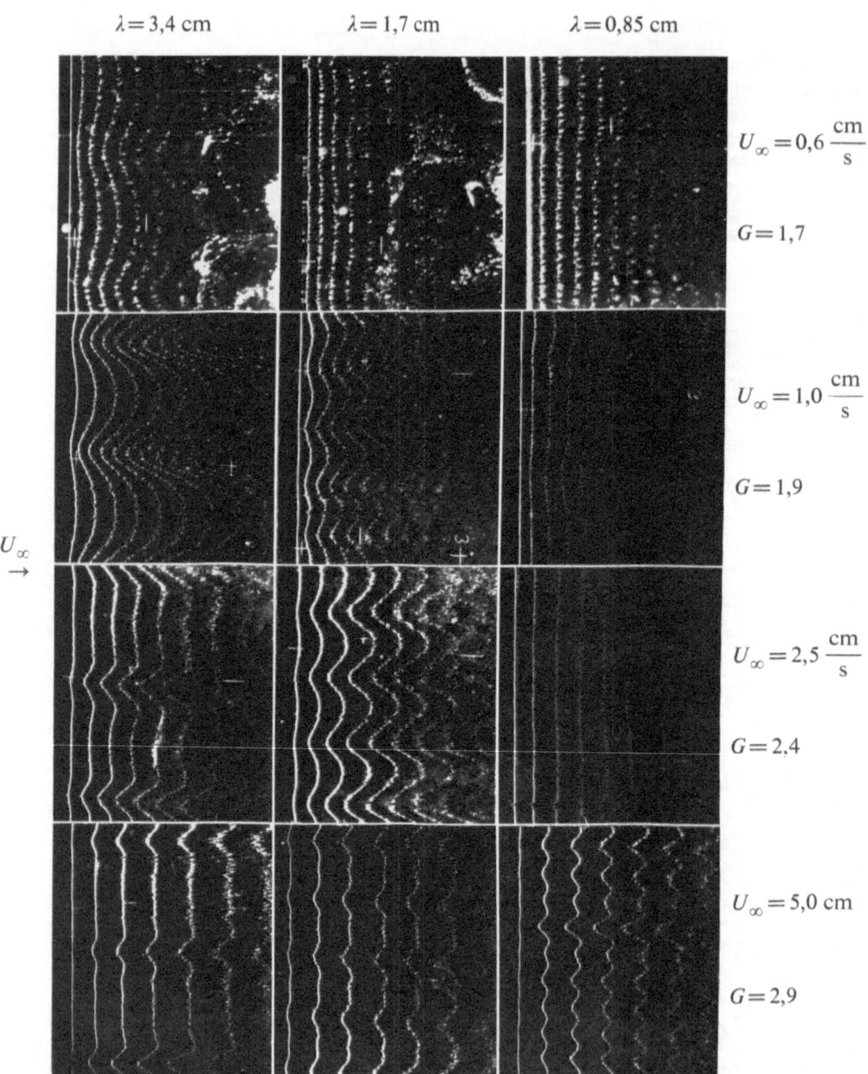

Abb. 35. Durch Heizdrähte erzwungene Längswirbelstörungen verschiedener Wellenlänge. Ort der Sonde $x_S=0{,}25$ m; $y_S=4$ mm

Zwischen den durch Kreise und Quadrate angegebenen Strömungszuständen läßt sich die strichpunktierte Grenzlinie einzeichnen. Sie kann als der im Meßbereich befindliche Teil des rechten Astes der neutralen Kurve angesehen werden. Gegenüber den in [1] bzw. in [2] und [5] berechneten Kurven ist sie zwar etwas nach rechts verschoben, jedoch

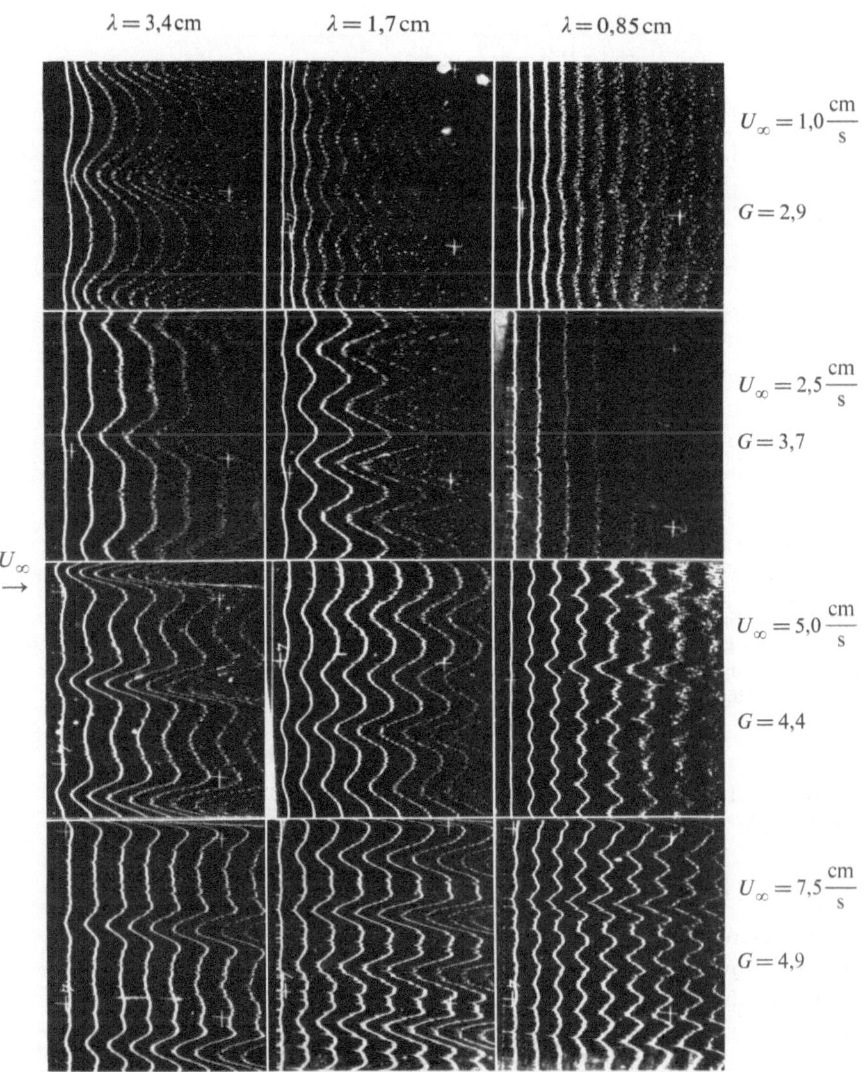

Abb. 36. Durch Heizdrähte erzwungene Längswirbelstörungen verschiedener Wellenlänge. Ort der Sonde $x_S = 0{,}40$ m; $y_S = 5$ mm

mag das zum Teil daran liegen, daß die erzwungenen Störungen, die knapp außerhalb vom angefachten Bereich liegen, nur unmerklich gedämpft werden, zum Teil auch daran, daß Görtler [1], Smith [2] und Hämmerlin [5] bei der Berechnung der neutralen Kurve das für die ebene Grenzschicht ermittelte Blasiussche Profil zugrunde legten, während nach [33] und [34] die Grenzschicht an einer konkav gekrümm-

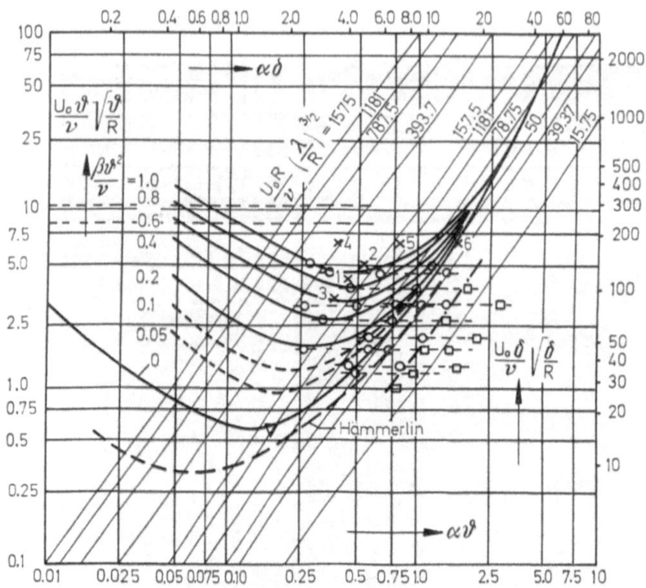

Abb. 37. Das Stabilitätsdiagramm (aus [1], Abb. 8) mit dem von Wortmann und den vom Verfasser gemessenen Werten der neutralen Kurve. ∘ Strömungszustand mit angefachten Störungen; ▫ Strömungszustand mit gedämpften Störungen; —·—·— Gemessener Verlauf der neutralen Kurve; ▿ Wortmann [13]; × Weitere Meßpunkte (Kap. 5.3 und Kap. 5.5.1)

ten Wand etwas dünner ist. Als wesentliches Ergebnis ist hier der experimentelle Nachweis des rechten Astes der neutralen Kurve zu betrachten.

5.5. Die Anfachung der Längswirbelstörung

In diesem Kapitel soll zunächst rein qualitativ die Abhängigkeit der Anfachung von der Wellenlänge der Wirbelstörung gezeigt werden. Daran anschließend wird für deren instabilste Größe die Anfachung quantitativ mit der in Kap. 4.2 beschriebenen Meßmethode bestimmt.

5.5.1. Die Abhängigkeit der Anfachung von der Wellenlänge

Wie schon mehrfach erwähnt, haben im Stabilitätsdiagramm die Kurven konstanter Anfachung ausgeprägte Minima, weshalb beim gleichen Stabilitätsparameter (G=konst.) die Längswirbel verschiedener Wellenlänge verschieden stark angefacht werden. Experimentell kann dies einfach dadurch nachgeprüft werden, daß man in der instabilen Grenzschicht bei gleicher Anströmungsgeschwindigkeit U_∞ Längswirbel verschiedener Wellenlänge, aber gleicher Anfangsintensität einführt und den Grad ihrer Anfachung an derselben Stelle x vergleicht. In diesem

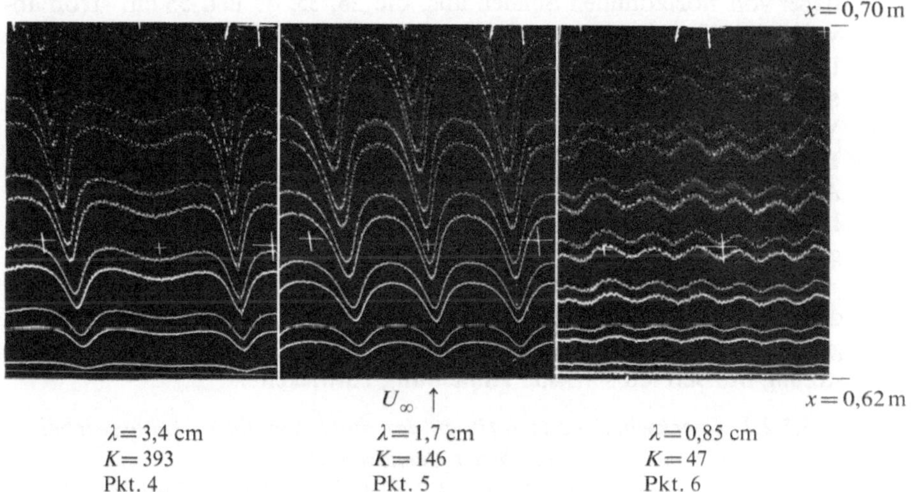

Abb. 38. Angefachte Längswirbel bei verschiedener Wellenlänge λ und gleicher Anströmgeschwindigkeit U_∞ (zweifach belichtete Aufnahmen). $R=1$ m; $U_\infty=0{,}06$ m/s; $G_S=6{,}3$; $x_S=0{,}625$ m; $y_S/\delta\approx 0{,}25$

Falle liegen die den Strömungszustand im Stabilitätsdiagramm angebenden Punkte $P(G;\alpha\vartheta)$ auf einer horizontalen Geraden, die verschiedene Kurven konstanter Anfachung schneidet. Entsprechende Strömungsaufnahmen müssen infolgedessen an derselben Stelle stromabwärts verschieden stark angefachte Längswirbel zeigen.

Inwieweit diese theoretische Aussage durch das Experiment bestätigt werden kann, ist den Aufnahmen der Abb. 38 zu entnehmen. Sie zeigen die Grenzschichtströmung am gleichen Wandausschnitt. Die Anströmgeschwindigkeit betrug dabei jeweils $U_\infty=0{,}06$ m/s; die Wellenlänge λ der Längswirbel nacheinander 3,4, 1,7 und 0,85 cm. Die Störungen wurden durch die Heizdrähte bei exakt gleicher Anfangsintensität angeregt. Die entsprechenden Strömungszustände sind im Stabilitätsdiagramm (Abb. 37) durch die Punkte 4, 5 und 6 angegeben. Danach liegt der Punkt 5 im Gebiet stärkster Anfachung. Die zugehörige Strömungsaufnahme ist in der Mitte der Abb. 38 angeordnet. Ein Vergleich mit den nebenstehenden Aufnahmen zeigt sofort, daß dort die Wirbelstörung tatsächlich am stärksten angefacht ist.

5.2.2. Quantitative Bestimmung der Anfachung der Längswirbelstörung

Um die Anfachung der Längswirbelstörung zu bestimmen, wurden mit der Stereomeßkammer aufgenommene zweifach belichtete Zeitlinienaufnahmen photogrammetrisch ausgewertet. Die Bläschen gingen dabei von horizontalen Sonden aus, die 25, 35, 45 und 55 cm stromabwärts von der Vorderkante angebracht waren und deren Wandabstand innerhalb der Grenzschicht variiert wurde. Dadurch konnte das Geschwindigkeitsfeld an verschiedenen Stellen x in Abhängigkeit vom Wandabstand bestimmt werden. Die Messungen waren auf die $x-y$-Ebenen beschränkt, längs denen die Geschwindigkeitskomponente in Anströmungsrichtung ihr Minimum bzw. ihr Maximum erreicht, auf Längsschnitte also, die in Abb. 27 und 28 mit den Ziffern 1 und 3 gekennzeichnet sind.

Um ein möglichst homogenes Strömungsfeld zu schaffen, wurden für diese Versuche die Störungen wieder mit der Heizdrahtwicklung angeregt. Die Wellenlängen λ wurden so gewählt, daß sich die Wirbelstörung im Bereich stärkster Anfachung entwickelte.

5.5.2.1. Geschwindigkeitsprofile in der durch angefachte Längswirbel gestörten Grenzschicht

In den Längsschnitten 1 und 3 ist stets die Geschwindigkeitskomponente $w=0$. Die dort in den Entfernungen $x=0{,}275$ m, 0,375 m, 0,475 m und 0,575 m hinter der Vorderkante bei der Anströmgeschwindigkeit $U_\infty=0{,}06$ m/s gemessenen Geschwindigkeiten U, u und v sind in Abb. 39 über dem Wandabstand aufgetragen. Dadurch wird deutlich, in welcher Weise sich die Wirbelstörung stromabwärts entwickelt und wie die Grenzschichtprofile davon beeinflußt werden. Letzteres geschieht in der Weise, daß an der Wand die Geschwindigkeitsgradienten $\left(\frac{\partial U}{\partial y}\right)$ der Profile $U(y)$ im Längsschnitt 1, verglichen mit denjenigen im Längsschnitt 3, immer kleiner werden. Es ist daher einleuchtend, wenn der laminar-turbulente Umschlag, wie später noch gezeigt werden wird, in Längsschnitten 1 eingeleitet wird.

Erwähnt werden soll hier noch, daß die in Abb. 39 erkennbare Tendenz der Störkomponenten u und v, den Wandabstand ihres Maximums stromabwärts zu verkleinern, ebenso der linearisierten Theorie entspricht wie die Tendenz der Störungen, mit wachsendem Anfachungsgrad über die Grenzschicht hinauszuragen.

In Abb. 40 sind die bei $x=0{,}475$ m gemessenen Amplituden der Störgeschwindigkeiten über dem Wandabstand y aufgetragen. Um auch hier noch einen Vergleich mit der Theorie durchzuführen, sind die diesem Strömungszustand entsprechenden und nach Hämmerlin [4] berechneten Eigenfunktionen mit eingezeichnet. Danach stimmen beide Kurven insofern überein, als u jeweils größer als v und w ist und u bei geringerem Wandabstand sein Maximum erreicht als v. Dagegen ragen die gemessenen Störungen, anders als die berechneten, nur unwesentlich über die Grenzschicht hinaus.

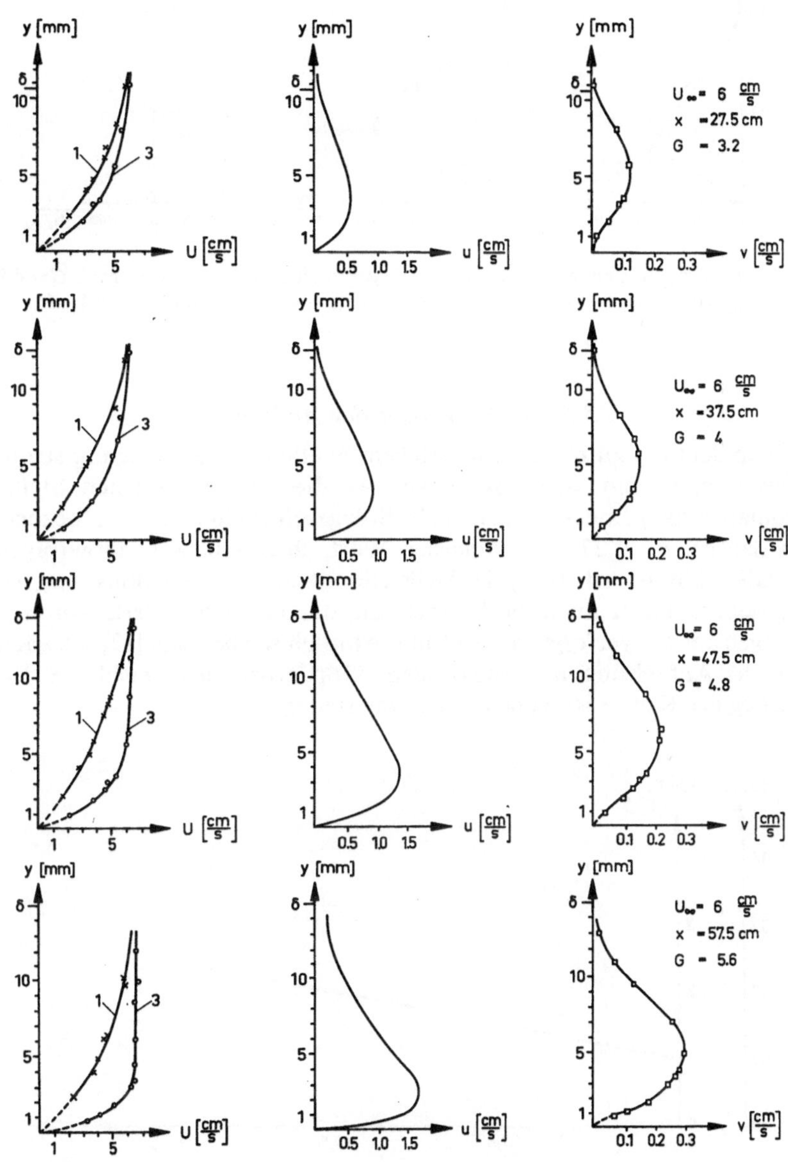

Abb. 39. Profile der Grenzschichtgeschwindigkeit und der Störungsgeschwindigkeiten, gemessen im Längsschnitt 1 und Längsschnitt 3. $U_\infty = 0{,}06$ m/s; $R = 1$ m; $\delta =$ Grenzschichtdicke an der Meßstelle

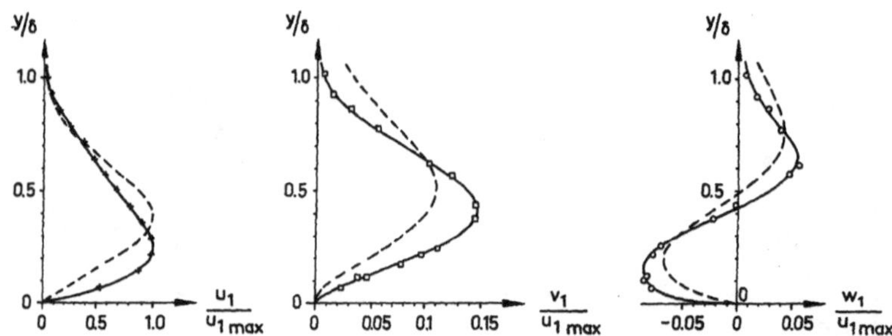

Abb. 40. Amplitudenverteilung der Störgeschwindigkeiten. $R=1$ m; $G=4{,}8$; $U_\infty=0{,}06$ m/s. ——— Gemessener Verlauf; ------- theoretischer Verlauf

5.5.2.2. *Der Verlauf der Anfachung*

Um deutlich zu machen, in welchem Maße die Störbewegung stromabwärts angefacht wird, ist in Abb. 41 die an verschiedenen Stellen stromabwärts gemessene maximale Störgeschwindigkeit u_{max}, bezogen auf den bei $x=0{,}275$ m gefundenen Wert, über x bzw. G aufgetragen. Darüber hinaus ist für jede Meßstelle noch das Verhältnis u_{max}/U_∞ angegeben, damit auch die Entwicklung der absoluten Werte von u_{max} bezogen auf U_∞ verfolgt werden kann. Ähnlich wie bei Tani [12] schwächt sich die Anfachung mit wachsendem Görtlerparameter nicht ab. Der Anstieg der Kurve ist jedoch hier etwas steiler als dort.

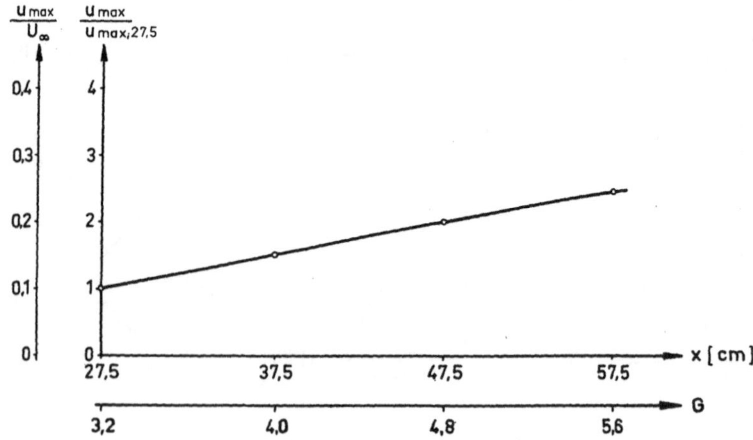

Abb. 41. Verlauf der Anfachung mit wachsender Entfernung von der Vorderkante. $U_\infty=0{,}06$ m/s; $R=1$ m

5.6. Der laminar-turbulente Umschlag

Wie bereits in Kap. 2.3 beschrieben, war es ein Ziel dieser Experimente, besonders den Einfluß der Längswirbelstörung auf den laminarturbulenten Umschlag herauszustellen. Deshalb wurde im Gegensatz zu Tani [12], Aihara [10], Tani und Aihara [15] sowie Wortmann [13], [14] die Krümmung der Modellfläche so groß gewählt, daß die Grenzschicht möglichst bis zum Umschlag gegen Tollmien-Schlichting-Wellen stabil ist. Aus demselben Grunde wurden auch keine zeitlich periodischen Störungen etwa durch ein transversal schwingendes Band (Tani und Aihara [15]) oder durch einen Drehschwingungen ausführenden Störflügel (Wortmann [14]) in der Grenzschicht erzwungen. Das bedeutet natürlich, daß eventuell doch entstehende periodisch instationäre Vorgänge unkontrolliert einwirken und eine systematische Untersuchung gerade in der Umschlagszone beträchtlich erschweren. Daher wurde weniger das Ziel verfolgt, eine allgemein gültige Beschreibung des Umschlagvorganges zu geben, als vielmehr die Vorgänge in dem vorliegenden Strömungsfeld möglichst deutlich darzustellen und mit bisher Gefundenem zu vergleichen.

Im Gegensatz zu den zeitlich periodischen Störungen wurden die Längswirbel bei allen Versuchen, die in diesem Kapitel beschrieben werden, mit Heizdrähten angeregt. Es lag daher stets bis in die Umschlagszone hinein ein äußerst regelmäßiges Strömungsfeld vor.

5.6.1. Das Längswirbelfeld

Wenn oben die untersuchte Grenzschicht stabil gegen Tollmien-Schlichting-Wellen genannt wurde, so war damit gemeint, stabil im Sinne der linearisierten Theorie für den Fall $R=0$. Werden aber einer zweidimensionalen laminaren Grenzschicht gegenläufig rotierende Längswirbelpaare überlagert, so verformt sie sich dreidimensional und es bilden sich Geschwindigkeitsprofile größerer und geringerer Stabilität (s. Abb. 39). Besonders instabil werden die Profile in den Längsschnitten 1, wo die Störkomponente der Hauptströmungsrichtung entgegengerichtet ist. Infolgedessen kann dort die Tollmien-Schlichtingsche Stabilitätsgrenze früher erreicht werden, als es von der Theorie für die Blasiussche Grenzschicht vorausgesagt ist. Tatsächlich nimmt, wie weiter unten noch gezeigt werden wird, der Umschlagvorgang in diesen Zonen seinen Anfang.

Bis dahin ist aber das Längswirbelfeld stabil. Eine sekundäre Instabilität, angezeigt durch das Auftreten von gewundenen Trennflächen zwischen den Längswirbeln, wie sie Wortmann [14] beschrieben hat, konnte hier nicht reproduzierbar dargestellt werden. Insbesondere gelang es nicht, die damit verbundenen stationären Geschwindigkeitsprofile

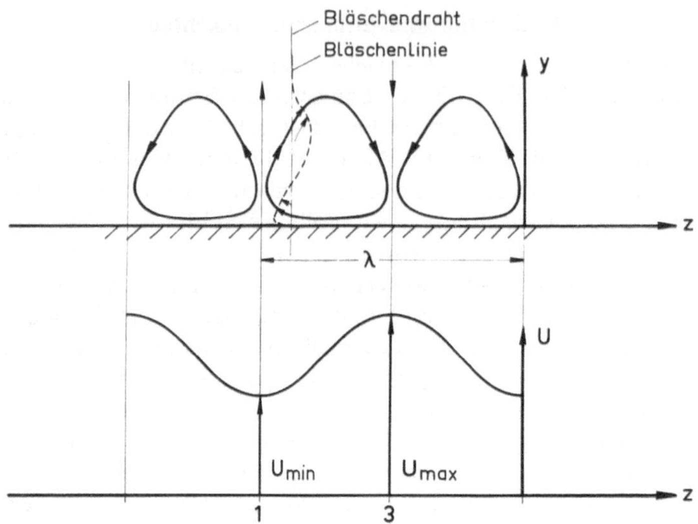

Abb. 42. Ablösung der Wasserstoffbläschen von einer vertikalen Sonde in einer durch Längswirbel gestörten Grenzschichtströmung

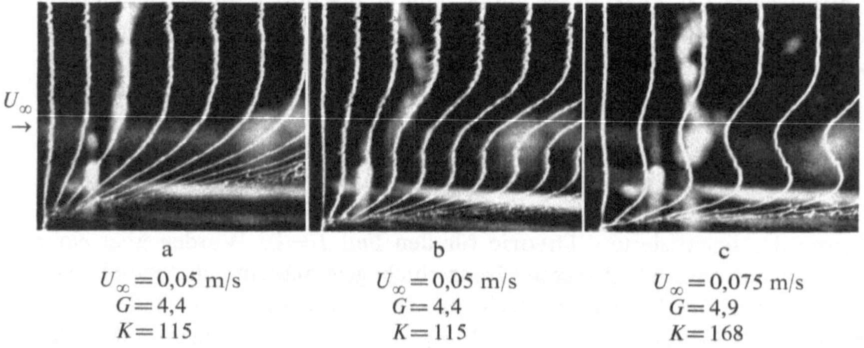

a	b	c
$U_\infty = 0{,}05$ m/s	$U_\infty = 0{,}05$ m/s	$U_\infty = 0{,}075$ m/s
$G = 4{,}4$	$G = 4{,}4$	$G = 4{,}9$
$K = 115$	$K = 115$	$K = 168$

Abb. 43. Bläschenlinien hinter einer vertikalen Sonde a) im Längsschnitt 1, b) und c) zwischen Längsschnitt 1 und 3. $R = 1$ m; $x_S = 0{,}45$ m

mit zwei Wendepunkten durch Messungen zu finden (vgl. Abb. 39). Der Versuch, sie wie Wortmann [14] mit Hilfe einer vertikalen Sonde sichtbar zu machen, stieß auf erhebliche Schwierigkeiten, da die Bläschenlinien, die von einem senkrecht auf der Oberfläche stehenden Sondendraht ausgehen, infolge der Rotationsbewegung der Längswirbel in z-Richtung verbogen werden (Abb. 42). Dadurch gelangen die einzelnen Bläschen in Längsschnitte verschiedener Geschwindigkeitsverteilung $U(y)$. Betrachtet man, wie es bei der Photographie geschieht, die sich in dieser Weise bildenden Zeitlinien in einer Projektion auf den Längsschnitt, in dem sich der Sondendraht befindet, so sieht man zwar ebenfalls Kurven mit zwei Wendepunkten (Abb. 43b und c), doch stellen diese demgemäß keine Geschwindigkeitsprofile in der $x-y$-Ebene dar. Solche erhält man in dieser Grenzschichtströmung nur für den Sonderfall, daß sich die Bläschensonde genau in einem Längsschnitt 1 (Abb. 43a) oder 3 befindet, der gleichzeitig in eine $x-y$-Ebene fällt. Beide Bedingungen konnten hier nur selten und zufällig eingehalten werden, da das Längswirbelfeld in Spannweitenrichtung leicht hin- und herwogt, wenn die vorgegebene Wirbelbreite λ nicht in einem bestimmten, bei dem vorliegenden Experiment nicht ganz geklärten Verhältnis zur Grenzschichtdicke steht. Ein solches kann natürlich bei der in Strömungsrichtung wachsenden Grenzschicht nur an einzelnen Stellen eingehalten werden. Nach dieser Einsicht wurde darauf verzichtet, in systematischer Folge Geschwindigkeitsprofile bei verschiedenen Stabilitätszuständen sichtbar zu machen. Diesbezügliche quantitative Aussagen wurden ausschließlich durch photogrammetrische Auswertung von Stereoaufnahmen gewonnen, wodurch die räumlichen Verzerrungen der Zeitlinien berücksichtigt werden.

5.6.2. Sekundäre Instabilität

Wenn die Geschwindigkeitsprofile durch die der laminaren Grenzschicht überlagerte angefachte Längswirbelstörung in den Längsschnitten 1 einen gewissen Grad der Instabilität erreicht haben, findet dort eine neue Störung ihren Ursprung. Sie soll daher im folgenden „sekundäre Instabilität" genannt werden. In Zeitlinienaufnahmen mit Blickrichtung auf die Modelloberfläche macht sich diese zuerst durch eine örtliche, auf den Längsschnitt 1 begrenzte Verdichtung der Zeitlinien bemerkbar (Abb. 44, Einzelheit bei „A"). Letzteres ist gleichbedeutend mit einer Geschwindigkeitsverminderung oder Stauung. Als Folge tritt eine Verdickung der Grenzschicht und eine Verbreiterung des Achsabstandes im betroffenen Längswirbelpaar ein. Die nachfolgende Flüssigkeit, die unverzögert ankommt, läuft auf die gestaute auf und versucht sie zu überströmen. Dadurch erhöht sich die Querwirbelstärke. Unmittelbar hinter der Staustelle scheint die Strömung entsprechend den Zeitlinienabständen eher beschleunigt, wobei sich die Längswirbelachsen wieder nähern (Abb. 44, Einzelheiten bei „B").

Dieser Vorgang wiederholt sich in periodischer Weise. Durch die Buchstaben „C" und „D" sind in Abb. 44 die Staustellen gekennzeichnet, die der bei „A" beschriebenen vorauslaufen. Sie befinden sich gegenüber dieser ersten bereits in einem stärker angefachten Zustand, dabei tritt, besonders bei Stereobetrachtung, der Einrollvorgang bzw.

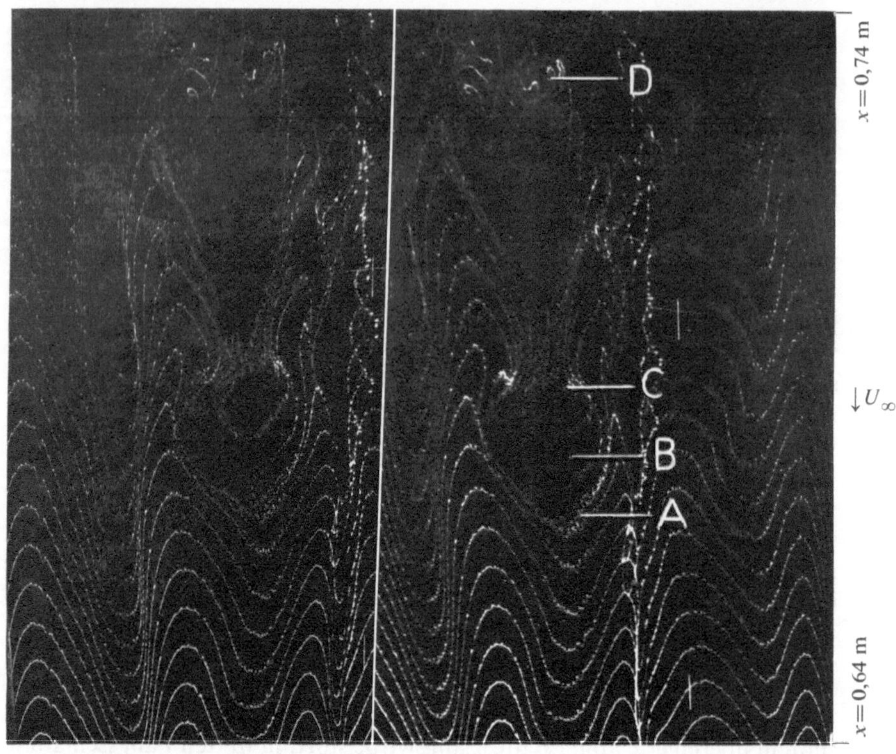

Abb. 44. Entstehung der sekundären Instabilität. $R=1$ m; $U_\infty=0{,}075$ m/s; $K=168$; $G=6{,}5$ (an der Stelle der sekundären Instabilität bei „A"); $x_S=0{,}6$ m; $y_S/\delta\approx 0{,}3$

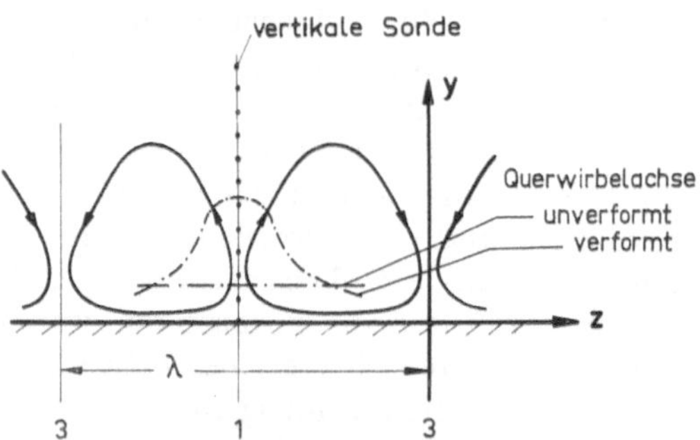

Abb. 45. Verformung der Querwirbelachsen im Längswirbelfeld

die Erhöhung der Querwirbelstärke immer deutlicher hervor. Gleichzeitig wird die Querwirbelachse, die zunächst in z-Richtung verläuft, durch den überlagerten Längswirbel in der in Abb. 45 skizzierten Weise aufgebogen, so daß der Querwirbel bei „D" in Abb. 44 bereits in eine linke und eine rechte Hälfte geteilt scheint.

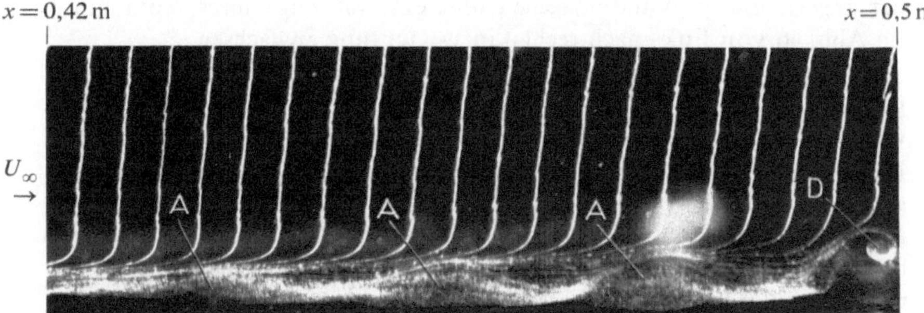

Abb. 46. Entstehung der sekundären Instabilität in der $x-y$-Ebene. $R = 1$ m; $U_\infty = 0{,}18$ m/s; $K = 141$; $x_S = 0{,}4$ m; $G = 7{,}4$ (an der Stelle des ausgeprägten Querwirbels bei „D", $x = 0{,}575$ m)

Etwas klarer stellt sich der Einrollvorgang bzw. die Entwicklung einer Querwirbelstärkekonzentration in der Seitenansicht (Projektion auf eine $x-y$-Ebene) dar, wenn die Zeitlinien an einer vertikalen Sonde erzeugt werden und diese sich ungefähr in einem Längsschnitt 1 befindet. In diesem Falle ist die Stauung zuerst an einer von der Wand ausgehenden Verdickung der Grenzschicht zu erkennen (Abb. 46, Einzelheit bei „A"). Zwischen gestauter Flüssigkeit und der ungestörten Außenströmung bildet sich auf Grund des starken Geschwindigkeitsunterschiedes eine Zone erhöhter Scherung. Sie wird in Abb. 46 durch die Verdichtung der Zeitlinien angezeigt. Die einander vorauslaufenden Staustellen zeigen sich wiederum in jeweils stärker angefachtem Zustand. Ganz rechts in Abb. 46, Einzelheit bei „D", hat sich bereits ein ausgeprägter Querwirbel gebildet.

Ähnliche Wasserstoffbläschenbilder bei gleicher Aufnahmeanordnung erhielten J. Nutant [35] sowie F. H. Hama und J. Nutant [36] vom laminar-turbulenten Umschlag einer ebenen Grenzschicht. Sie sprachen jedoch in diesem Zusammenhang nicht von Stauungen, sondern sie erklärten das Zustandekommen solcher Gebilde mit dem Abheben Tollmien-Schlichtingscher Wellenfronten von der Oberfläche. Diese Erklärung kann hier nicht übernommen werden, da bis zum Auftreten der sekundären Instabilität keinerlei Andeutungen von Tollmien-Schlichting-Wellen zu erkennen oder mit Hitzdrahtanemometern zu messen sind. Ebensowenig kann die Deutung ähnlicher von Meyer und Kline [37] mit gefärbter Flüssigkeit in einer ebenen Grenzschicht sichtbar gemachter Instabilitätserscheinungen auf die hier gefundenen angewandt werden. Dort wird von „lifted-up low-speed streaks" gesprochen, die sich natürlich ebenfalls als Grenzschichtverdickung äußern, jedoch bewegt sich darunter die Flüssigkeit beschleunigt, wie gleichzeitig betont wird. Hier dagegen handelt es sich um Stauungen, die von der Oberfläche der angeströmten Wand ausgehen und erst im Zuge ihrer Anfachung (in Abb. 46 von links nach rechts) in y-Richtung anwachsen.

Von den zahlreichen Veröffentlichungen über Hitzdrahtuntersuchungen, die in ebenen und auch in konkaven Grenzschichten durchgeführt wurden, geben nur diejenigen von L. S. G. Kovásznay, H. Komoda und B. R. Vasudeva [38] Hinweise auf eine derartige Instabilitätsform. Die genannten Autoren sprechen in diesem Zusammenhang von „slow moving bumps", welche sich, wie hier, unter Schichten erhöhter Scherung bewegen. Auf letztere Erscheinung sowie auf deren Wirkung beim laminar-turbulenten Umschlag wird in [38] in Übereinstimmung mit den diesbezüglichen theoretischen Aussagen von J. T. Stuart [30] besonders hingewiesen. Über die Ursache, die zu den Stauungen, den „lifted-up low-speed streaks" oder den „slow moving bumps" führt, wird in den genannten Arbeiten wenig ausgesagt. Der Verfasser der vorliegenden Arbeit vermutet örtliche Ablösung, sobald in den Längsschnitten 1, den Zonen kleiner Geschwindigkeit, die Geschwindigkeitsprofile durch die überlagerten Längswirbel einen Wendepunkt an der Wand gebildet haben (vgl. Abb. 43a, S. 66). Um dies endgültig zu klären, sollen bei späteren Versuchen Messungen des Geschwindigkeitsgradienten an der Wand mit in die Oberfläche eingelassenen Heißfilmen durchgeführt werden.

Um schließlich noch etwas über die Zeitabhängigkeit der durch primäre und sekundäre Instabilitäten gestörten laminaren Grenzschichtströmung aussagen zu können, wurden auch einige gezielte Hitzdrahtmessungen in den Zonen großer und kleiner Geschwindigkeit durchgeführt. Es wurden dazu zwei an der gleichen Stelle (x, y) befindliche, aber in z-Richtung gegeneinander verschobene HD-Sonden benutzt. Um deren Lage im leicht hin und her wogenden Längswirbelfeld im Zeitintervall der Messung zu kennen bzw. zu kontrollieren, wurde die Strömung gleichzeitig sichtbar gemacht. Eine entsprechende Aufnahme zeigt Abb. 47. Die Bläschen wurden in kontinuierlicher Weise an einem horizontalen Kathodendraht erzeugt. Die primäre Instabilität, d.h. die Längswirbel, sind wie früher an den in Längsrichtung verlaufenden Zonen größerer (Längsschnitt 1) und geringerer (Längsschnitt 3) Bläschendichte zu erkennen (vgl. Abb. 21, S. 44), die sekundäre Instabilität an den, in x-Richtung gesehen, intermittierend auftretenden örtlichen Bläschenverdichtungen (Einzelheit bei „A"). Es wird bereits im Bilde deutlich, daß diese streng auf die Längsschnitte 1 beschränkt sind. Von den beiden HD-Sonden befindet sich jeweils eine in einem Längsschnitt 1 und 3.

Das Ergebnis der Hitzdrahtmessung ist dem Oszillogramm in Abb. 48 zu entnehmen. Die dort gezeigten Schriebe entstammen einer AC-Messung. Dadurch wird besonders der zeitliche Verlauf der Geschwindig-

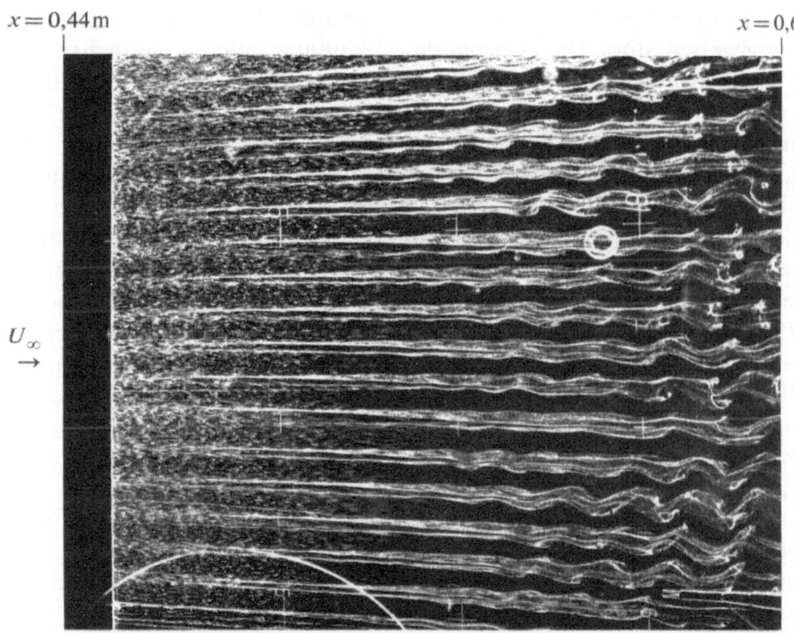

Abb. 47. Durch primäre und sekundäre Instabilitäten gestörte laminare Grenzschichtströmung, sichtbar gemacht durch kontinuierliche Bläschenerzeugung an einem horizontalen Kathodendraht. Die mitabgebildeten *HD*-Sonden befinden sich in einem Längsschnitt 1 (obere Sonde) und 3 (untere Sonde). $R = 1$ m; $U_\infty = 0{,}25$ m/s; $K = 196$; $G = 8{,}5$ (an der Stelle der *HD*-Sonden); $x_{HD\text{-}S} = 0{,}58$ m; $y_{HD\text{-}S}/\delta \approx 0{,}2$

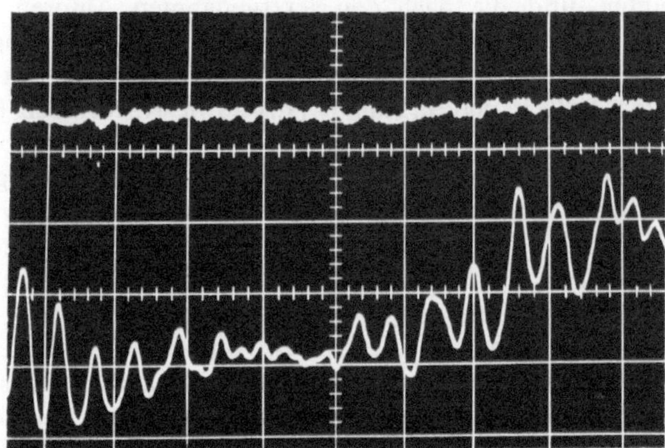

Abb. 48. Oszillogramm der Hitzdrahtmessung (*AC*-Messung). Für die vertikale Ablenkung gilt, 1 Einheit der Rasterteilung $\triangleq$ 0,065 m/s und für die horizontale Ablenkung, 1 Einheit der Rasterteilung $\triangleq$ 0,1 s. Die Messung im Längsschnitt 3 wird durch den oberen Schrieb dargestellt, die Messung im Längsschnitt 1 durch den unteren

keitsschwankungen hervorgehoben, welche durch die vertikale Ablenkung wiedergegeben sind. Die horizontale Ablenkung stellt die Zeitachse dar. Da das Zeitintervall der Messung auch den Zeitpunkt der Aufnahme einschließt, ist es möglich, den gemessenen Geschwindigkeitsverlauf, dem entsprechenden Ort im Geschwindigkeitsfeld zuzuordnen. Das Ergebnis der Messung bestätigt, was rein visuell schon zu sehen ist (Abb. 47), daß nämlich im Längsschnitt 3 (obere Linie in Abb. 48) keinerlei Geschwindigkeitsschwankungen auftreten. Im Längsschnitt 1 dagegen, wo sekundäre Instabilitäten sichtbar gemacht werden konnten, treten zeitlich periodische Geschwindigkeitsschwankungen zwischen $0-0{,}3\,U_\infty$ auf. Die große Unregelmäßigkeit der Amplitudenverteilung ist auf die bereits in Abb. 47 zu erkennende und im nächsten Kapitel ausführlicher beschriebene Schlängelbewegung des Längswirbelfeldes zurückzuführen. Diese bewirkt nämlich, daß die ortsfeste HD-Sonde nur kurzzeitig genau im Längsschnitt 1 des Längswirbelfeldes liegt. Die Frequenz beträgt etwa 12,5 Hz und liegt damit in dem Bereich der Tollmien-Schlichting-Wellen. Im Gegensatz zu diesen handelt es sich jedoch bei der hier gefundenen sekundären Instabilität nicht um eine zweidimensionale Wellenbewegung und auch nicht um eine dreidimensional verformte zweidimensionale Wellenbewegung, sondern um eine Störbewegung, die in z-Richtung gesehen, auf die Längszonen kleiner Geschwindigkeit U im Längswirbelfeld begrenzt ist.

Sogenannte „spikes“, wie sie beispielsweise P. G. Klebanoff, K. D. Tidstrom und L. M. Sargent [39] sowie L. S. G. Kovásznay, H. Komoda und B. R. Vasudeva [30] in den Oszillogrammen ihrer Hitzdrahtmessungen zeigten und die nach den letztgenannten Autoren mit dem Auftreten eines Knickes („kink“) in der Zone erhöhter Scherung zwangsläufig verbunden sind, konnten bisher in Übereinstimmung mit den Aussagen von I. Tani und Y. Aihara [15] sowie H. Komoda [40] nicht gefunden werden, obwohl auch bei dem vorliegenden Experiment die Zonen erhöhter Scherung bei Einsetzen des Einrollvorganges einen Knick aufweisen (Abb. 46 und 49). In [15] und [40] war aber gezeigt worden, daß gerade dann, wenn die Grenzschicht durch tragflügelförmige Störungserzeuger sehr stark dreidimensional verformt ist, keine „spikes“ zu finden sind.

Um abschließend noch einen Eindruck von der Größe der Anfachung einer sekundären Störung bzw. von deren zeitlicher Entwicklung auf ihrem Weg stromabwärts zu geben, wurden von einer vertikalen Sonde ausgehende Zeitlinien durch eine 16 mm Filmkamera aufgenommen, welche sich mit einer Geschwindigkeit von etwa $0{,}8\,U_\infty$ mit der Außenströmung mitbewegte. Die Aufnahmeachse verläuft dabei in z-Richtung. Das Ergebnis ist in Abb. 49 dargestellt. Die dort übereinander angeordneten Teilbilder wurden aus einem Filmstreifen herausgeschnitten. Sie

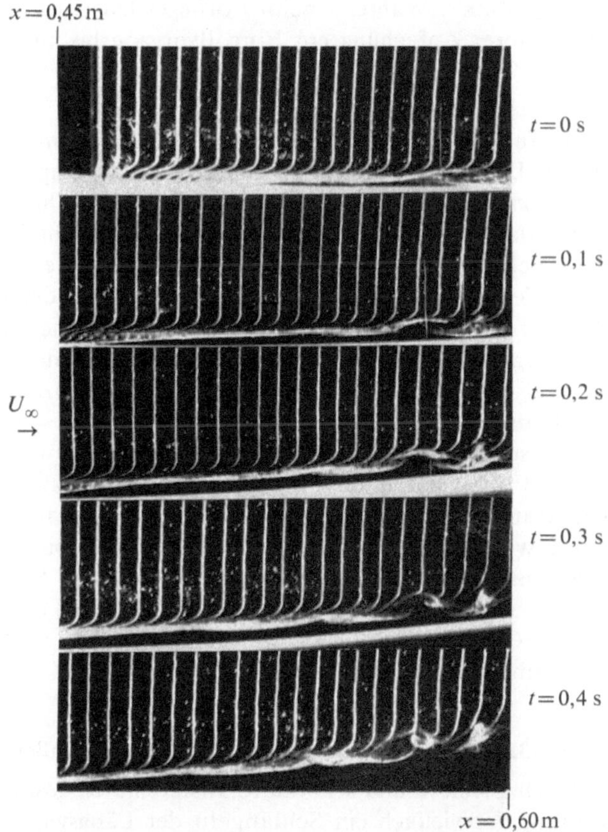

Abb. 49. Zeitliche Anfachung einer einzelnen sekundären Instabilität auf ihrem Weg stromabwärts bis zur Ausbildung eines ausgeprägten Querwirbels; aufgenommen bei mitfahrender Kamera. $R = 1$ m; $U_\infty = 0,18$ m/s; $K = 141$; $x_S = 0,45$ m; $y_S/\delta \approx 0,25$; $G_S = 6,1$; Kamerageschwindigkeit $= 0,8 \cdot U_\infty$. (Auch bei der größtmöglichen Filmfrequenz von 64 Bildern/s der zur Verfügung stehenden Bolex-Kamera war eine gewisse Bewegungsunschärfe nicht zu vermeiden. Dadurch gehen besonders die in der Nähe der Wand in geringerer Dichte vorhandenen Bläschen verloren)

überbrücken zeitliche Abstände von jeweils 0,1 sec. Im obersten Teilbild ist die sekundäre Instabilität bereits an einer leichten, von der Wand ausgehenden Verdickung der Grenzschicht und an der sich darüber bildenden Zone erhöhter Scherung zu erkennen. Ebenso wie sich beides immer stärker ausprägt, vergrößert sich auch die Querwirbelstärke, was sich zunächst in einem Einknicken der Scherschicht äußert. Letzteres ist vergleichbar mit dem bei Kovásznay, Komoda und Vasudeva [38] beschriebenen „kink". Während beim vorliegenden Experiment jedoch im Verlauf weiterer Anfachung ein Einrollvorgang bis hin zur Bildung eines diskreten Querwirbels zu beobachten ist, wurde derartiges in [38] nicht beschrieben.

Zusammenfassend kann festgestellt werden: Die sekundäre Instabilität findet im Längsschnitt 1, wo die Längswirbelkomponente u der Grundströmungsgeschwindigkeit entgegengerichtet ist, ihren Ursprung. Sie bildet sich dann, wenn die Geschwindigkeitsprofile infolge der überlagerten angefachten Längswirbelstörung immer steiler werden (Abb. 39) und, wie der Verfasser vermutet, schließlich einen Wendepunkt an der Wand erhalten (Abb. 43a, S. 66). Zuerst treten periodische Geschwindigkeitsverzögerungen auf, die von der Wand ausgehen und Flüssigkeitsstauungen zur Folge haben (Abb. 44, 46 und 49). Gleichzeitig entstehen über den Staustellen, hervorgerufen durch den Geschwindigkeitsunterschied zwischen der verzögerten und der darüber hinwegströmenden unverzögerten Flüssigkeit, Zonen erhöhter Scherung bzw. Querwirbelstärkekonzentrationen. Diese die sekundäre Instabilität charakterisierende Störbewegung wird stromabwärts angefacht (Abb. 49), bis sich in einem vertikalen Schnitt ($x-y$-Ebene) durch ihr Zentrum das Bild eines ausgeprägten Querwirbels zeigt. Die Frequenz der sich als Stauungen auswirkenden Geschwindigkeitsschwankungen wurde mit ungefähr 12,5 Hz bestimmt, bei Amplituden bis 0,3 U_∞.

5.6.3. Schlängelbewegung der Längswirbelstraßen

In der durch primäre und sekundäre Instabilitäten gestörten Grenzschichtströmung ist vielfach ein Schlängeln der Längswirbelstraßen zu beobachten (Abb. 50). Eine solche Erscheinung ist bereits bekannt aus Aufnahmen von Grenzschichtströmungen, die durch einzelne Rauhigkeitselemente gestört wurden, von der instabilen Couette-Strömung im Spalt der Taylor-Zylinder und auch von Grenzschichtströmungen an erwärmten Wänden (u.a. P. Idrac [41]). Letztere sind in diesem Zusammenhang besonders interessant, da zwischen den an erwärmten und an konkaven Wänden möglichen Instabilitäten nach H. Görtler [42] und K. Kirchgässner [43] eine unmittelbare Analogie besteht. Was die Experimente an konkaven Wänden selbst anbelangt, so ist die Schlängelbewegung zwar auf den Rauchfadenaufnahmen von I. Tani und J. Sakagami [11] schon zu erkennen, doch wird sie im Text der betreffenden Arbeit nicht erwähnt. Daneben hat Wortmann in [14] noch eine räumliche Schwingungsbewegung besprochen, die er als Instabilität 3. Ordnung bezeichnet. Sie wurde durch einen Drehschwingungen ausführenden Störflügel künstlich angeregt und hatte etwa zwei Perioden nach ihrer Entstehung den laminar-turbulenten Umschlag zur Folge.

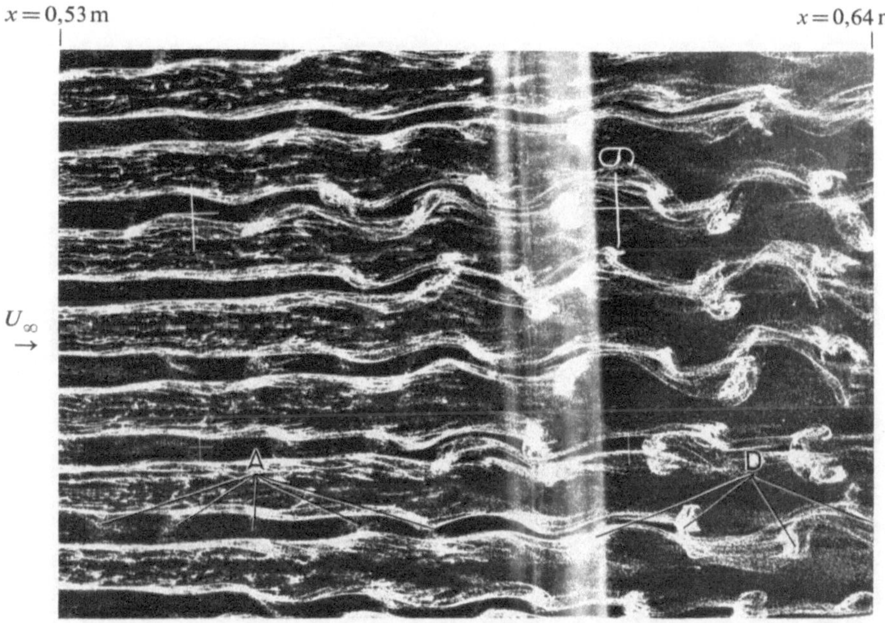

Abb. 50. Durch primäre und sekundäre Instabilitäten gestörte Grenzschichtströmung mit schlängelnden Längswirbelachsen, sichtbar gemacht durch kontinuierliche Bläschenerzeugung an einer horizontalen Sonde. $R = 1$ m; $U_\infty = 0{,}25$ m/s; $K = 196$; $G = 8{,}2$ (bei $x = 0{,}60$ m); $x_S = 0{,}45$ m; $y_S/\delta \approx 0{,}2$

Bei dem vorliegenden Experiment konnte nun unmittelbar sichtbar gemacht werden, wie durch die Schlängelbewegung der laminar-turbulente Umschlag herbeigeführt wird (Abb. 30 und 52). Trotzdem muß die Frage offenbleiben, ob es sich dabei wirklich um eine Instabilität 3. Ordnung handelt oder lediglich um eine Begleiterscheinung der sekundären Instabilität. Für letztere Möglichkeit spricht die Tatsache, daß das Schlängeln vielfach, aber nicht notwendig mit der Querwirbelbildung verbunden ist. Selbst in einer momentanen Strömungsaufnahme wie Abb. 50 sind neben welligen auch gerade Längswirbelstraßen zu beobachten. Das gleiche gilt für die bei I. Tani und J. Sakagami [11] und für die bei den Visualisationsversuchen an erwärmten Wänden gemachten Bilder. Allein bei den Taylor-Zylindern, wo eventuell auftretende Staustellen nur seitlich umströmt werden können, ist eine regelmäßige Schlängelbewegung vorzufinden. Auf der in Abb. 51 wiedergegebenen Aufnahme fehlt das Schlängeln nahezu vollständig. Der Grund dafür mag darin zu sehen sein, daß sich in diesem Falle die Wellen-

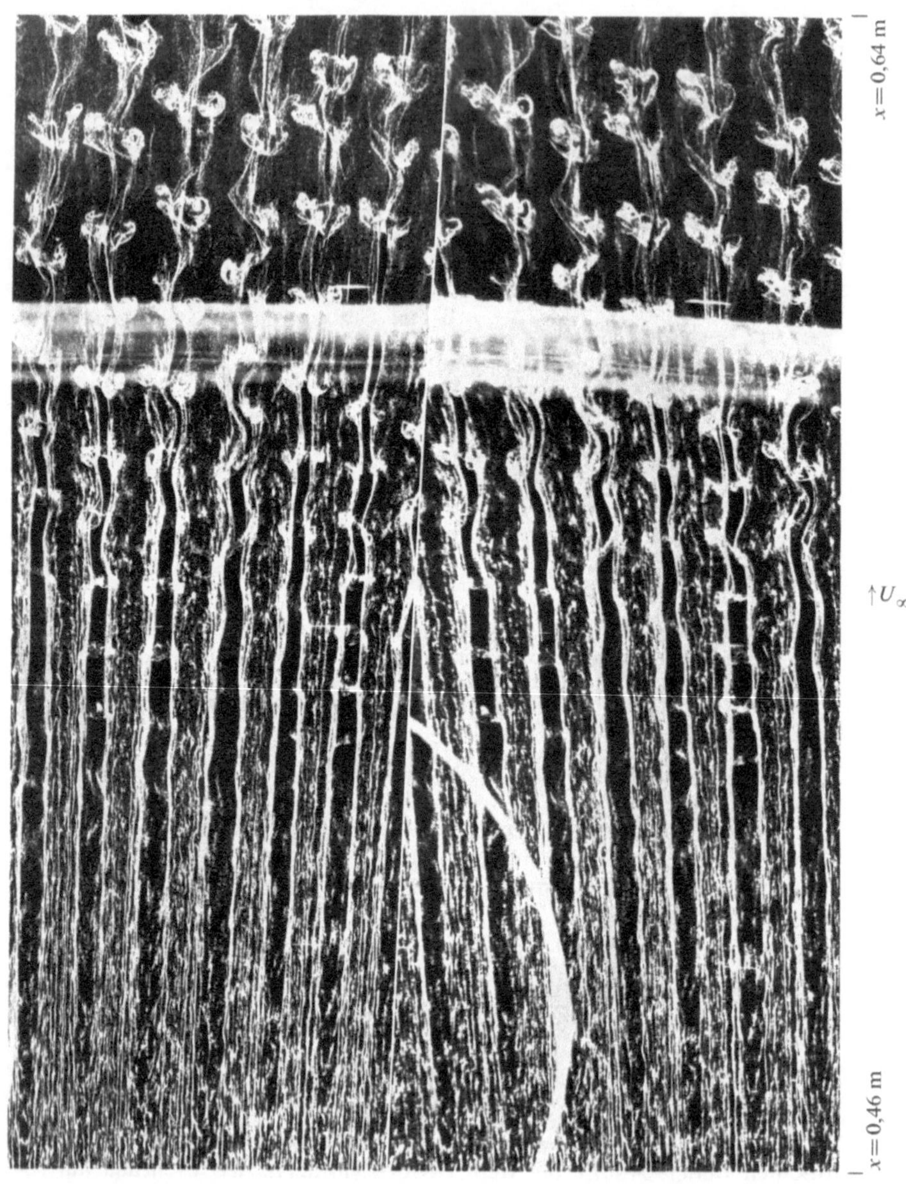

Abb. 51. Stereoaufnahme einer durch primäre und sekundäre Instabilitäten gestörten laminaren Grenzschichtströmung. $R = 1$ m; $U_\infty = 0{,}28$ m/s; $K = 218$; $G = 8{,}4$ (obere Bildhälfte); $x_S = 0{,}45$ m; $y_S/\delta \approx 0{,}2$

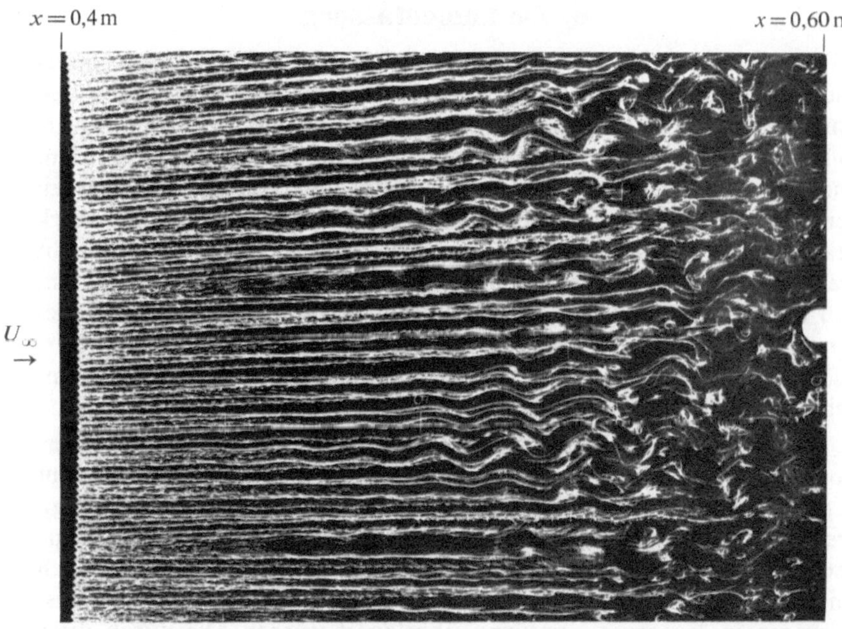

Abb. 52. Laminar-turbulenter Umschlag, herbeigeführt durch die Schlängelbewegung der Längswirbelachsen. $R = 1$ m; $U_\infty = 0{,}30$ m/s; $K = 230$; $G \approx 8{,}5$ (im Umschlagsgebiet); $x_S = 0{,}4$ m; $y_S/\delta \approx 0{,}2$

länge in einem besonders günstigen Verhältnis zur Grenzschichtdicke befindet. Unter diesen Bedingungen bildet sich nämlich stets auch ein besonders regelmäßiges Strömungsfeld aus. Trifft dies nicht zu, d.h. werden die Staustellen irgendwo bevorzugt auf einer Seite umströmt, so ist der Anstoß zu einer Schlängelbewegung gegeben. Ist aber eine solche einmal angeregt, so verstärkt sie sich stromabwärts, bis die seitliche Auslenkung der Längswirbelachse so scharf geworden ist, daß sich die Bewegungsrichtung nicht mehr umkehren kann (Abb. 30 und 52). Von diesem Zeitpunkt an verwischen die geordneten Bläschenstrukturen vollständig und die Grenzschicht wird turbulent.

Um endgültig zu klären, ob die Schlängelbewegung eine sich zwangsläufig bildende Instabilität 3. Ordnung ist bzw. eine notwendige Stufe beim laminar-turbulenten Umschlag, soll bei späteren Experimenten versucht werden, das Längswirbelfeld so zu stabilisieren, daß ein Schlängeln der Wirbelachsen möglichst verhindert wird. Dadurch wäre es möglich festzustellen, ob auch die sekundäre Instabilität bei weiterer Anfachung den laminar-turbulenten Umschlag herbeizuführen vermag.

6. Zusammenfassung

In Ergänzung zu den bisher durchgeführten experimentellen Untersuchungen an konkaven Wänden wurde hier besonders angestrebt, den unmittelbaren Einfluß der Längswirbelstörung auf den laminar-turbulenten Umschlag herauszufinden. Es mußte daher versucht werden, andere Störungen, wie die Tollmien-Schlichting-Wellen, möglichst zu vermeiden. Dies gelang weitgehend durch die Wahl besonders stark gekrümmter Wände ($R=0{,}5$ m und $R=1$ m), in deren Grenzschicht die durch die Zentrifugalkraft hervorgerufene Instabilität so stark ist, daß bei kleinen Geschwindigkeiten die laminare Strömung bereits gegen gegenläufig rotierende Längswirbelpaare instabil wird und in Turbulenz umschlägt, ehe sie nach der linearisierten Theorie gegen Tollmien-Schlichting-Wellen instabil wird.

Bei der Durchführung der Versuche wurden zunächst mit der Wasserstoffbläschenmethode die Störungen sichtbar gemacht, die sich auf natürliche Weise in der instabilen Grenzschicht entwickeln. Sie zeigen dreidimensionalen Charakter und weisen die in der Theorie angenommene Periodizität in Spannweitenrichtung auf. Dasselbe Ergebnis stellte sich ein, als der Anströmung durch ein Sieb vor dem Modell beliebige Anfangsstörungen in isotroper Verteilung überlagert wurden. Die durch diese Anordnung erwirkte größere Regelmäßigkeit des Strömungsfeldes ermöglichte es, zu den jeweiligen Versuchsbedingungen die Wellenlänge der Längswirbelstörung zu bestimmen. Es konnte dazu eine durch die linearisierte Theorie erklärbare Abhängigkeit der Wellenlänge von der Anströmgeschwindigkeit und der Modellkrümmung festgestellt werden.

Durch Einführung eines neuen Störungserzeugers in Form von geheizten Drähten wurde einerseits ein für Messungen geeignetes reproduzierbares Strömungsfeld geschaffen, andererseits gelang es nunmehr, Anfangsstörungen zu erzeugen, die klein genug waren, um weitere Vergleiche zwischen Experiment und linearer Theorie durchführen zu können. Diese Vergleiche erstrecken sich auf die Form der dreidimensionalen Instabilität, die Wirkung der Größe der Wandkrümmung, den rechten Ast der neutralen Kurve, die Abhängigkeit der Anfachung von der Wellenlänge sowie den Verlauf der Anfachung stromabwärts.

Um die Grenzschichtvorgänge räumlich zu erfassen, wurden Stereoaufnahmen hergestellt. Ihre photogrammetrische Auswertung erlaubte es, die Geschwindigkeiten in der durch Wasserstoffbläschen sichtbar gemachten Strömung nach Größe und Richtung zu bestimmen. Damit konnte erstmals die dreidimensionale Entwicklung der Störungen vollständig dargestellt werden. Die Schwierigkeit, aus punktuell ermittelten Meßwerten ein Gesamtbild des Strömungsfeldes herzustellen, wurde vermieden.

Im Verlauf der nichtlinearen Entwicklung der Längswirbelstörung wurde eine sekundäre Instabilität beobachtet. Sie entsteht dort, wo die Komponente u der primären Störung der Anströmung entgegengerichtet ist und das Grenzschichtprofil instabil macht. Wie die Tollmien- Schlichting-Wellen besitzt sie eine Periodizität in der Zeit, unterscheidet sich aber von jenen durch ihren dreidimensionalen Charakter. Mit Hitzdrahtmessungen bei gleichzeitiger Sichtbarmachung gelang es zu zeigen, daß die sekundären Störungen streng auf die Längszonen geringerer Geschwindigkeit U begrenzt sind. Sie sind zuerst an einer von der Oberfläche ausgehenden Stauung zu erkennen. Über den Stauungen bilden sich dann infolge des Geschwindigkeitsunterschiedes zwischen verzögerten und unverzögerten Flüssigkeitsteilchen Querwirbelstärkekonzentrationen, welche sich zunächst als Zonen erhöhter Scherung äußern und später im Laufe ihrer Anfachung einen Einrollvorgang auslösen. Letzterer hat ein Einknicken der Scherschicht zur Folge und führt schließlich zu ausgeprägten Querwirbelstrukturen.

Die unmittelbare Wirkung der sekundären Instabilität auf den laminar-turbulenten Umschlag konnte bisher nicht ermittelt werden, da er vorzeitig durch eine neu hinzukommende weitere Störbewegung ausgelöst wird. Diese taucht immer dort auf, wo eine Staustelle nicht symmetrisch umströmt wird, sondern bevorzugt in einer Seitenrichtung. Die dadurch verursachte seitliche Auslenkung der entsprechenden Längswirbelachse regt nämlich eine Schlängelbewegung derselben an, welche sich stromabwärts stetig verstärkt, bis schließlich die Wirbelstraßen zerflattern und die Grenzschicht turbulent wird. Um die unmittelbare Wirkung der sekundären Instabilität auf den Umschlag zu ermitteln, soll bei späteren Experimenten versucht werden, die Längswirbelstraßen auf künstliche Weise zu stabilisieren. Gleichermaßen könnte eine theoretische Untersuchung der Stabilität von Längswirbelstraßen mit und ohne sekundäre Störungen gegenüber dem Schlängeln zur weiteren Klärung dieser Frage beitragen.

Herrn Professor Dr. H. Görtler möchte ich für die Anregung zur Behandlung dieses Themas, für seine ständige Unterstützung und die richtungweisenden Ratschläge bei der Durchführung dieser Arbeit aufrichtig danken.

Herrn Dr. Čolak-Antić möchte ich herzlich danken für seine stete Bereitschaft zur Beratung sowie für zahlreiche fördernde Hinweise.

Zu besonderem Dank verpflichtet bin ich Herrn Ing. A. Maier für die Entwicklung und Bereitstellung der elektronischen Ausrüstung sowie Herrn G. Kaufhold und Herrn K. Mayer für die sorgfältige und mühevolle Ausführung der mechanischen Arbeiten. Fräulein E. Steiert danke ich für die sorgfältige Durchführung der umfangreichen photographischen und zeichnerischen Arbeiten.

7. Literatur

1. Görtler, H.: Über eine dreidimensionale Instabilität laminarer Grenzschichten an konkaven Wänden. Nachr. Wiss. Ges. Göttingen, Math.-Phys. Kl., Neue Folge I, **2**, 1—26 (1940).
2. Smith, A. M. O.: On the growth of Taylor-Görtler vortices along highly concave walls. Quart. Appl. Math. **13**, 233 (1955).
3. Taylor, G. I.: Stability of a viscous liquid contained between two rotating cylinders. Philos. Trans. Roy. Soc. London, Ser. A **223**, 289—293 (1923).
4. Hämmerlin, G.: Über das Eigenwertproblem der dreidimensionalen Instabilität laminarer Grenzschichten an konkaven Wänden. J. Rat. Mech. Anal. **4**, 271—321 (1955).
5. Hämmerlin, G.: Zur Theorie der dreidimensionalen Instabilität laminarer Grenzschichten. Z. Angew. Math. Phys. **7**, 156—164 (1956).
6. Clauser, M., Clauser, F.: The effect of curvature on the transition from laminar to turbulent boundary layer. National Advisory Committee for Aeronautics Techn. Note No. 613, 1937.
7. Liepmann, H. W.: Investigations on laminar boundary layer stability and transition on curved boundaries. NACA Wartime Report W107, 1943.
8. Liepmann, H. W.: Investigation of boundary layer transition on concave walls. NACA Wartime Report W87, 1945.
9. Gregory, N., Walker, W. S.: The effect of transition of isolated surface excrescences in the boundary layer. ARC Rep., R. & M. No. 2779, 1—10 (1956.)
10. Aihara, Y.: Transition in an incompressible boundary layer along a concave wall. Bull. Aeron. Res. Inst., Tokyo Univ. **3**, 195 (1962).
11. Tani, I., Sakagami, J.: Boundary layer instability of subsonic speeds. Proc. Int. Counc. Aeron. Sci. Stockholm 1962, S. 391 (Spartau 1964).
12. Tani, I.: Production of longitudinal vortices in the boundary layer along a concave wall. J. Geophys. Res. **67**, 3075—3080 (1962).
13. Wortmann, F. X.: Experimental investigations of vortex occurence at transition in unstable laminar boundary layers, p. 815. Munich: Proceed. XI. Int. Congr. Appl. Mech. 1964.
14. Wortmann, F. X.: Visualization of transition. J. Fluid Mechanics **38**, p. 3, 473—480 (1969).
15. Tani, I., Aihara, Y.: Görtler vortices and boundary layer transition. Z. Angew. Math. Phys. **20/39**, 609 (1969).
16. Clutter, D. W., Smith, A. M. O., Brazier, J. G.: Techniques of flow visualization using water as the working medium. Douglas Aircraft Comp., Inc., Report Nr. ES 29075 (1959).
17. Hama, F. R.: Boundary layer transition induced by a vibrating ribbon on a flat plate. University of Maryland, Techn. Note BN 195, AFOSR-TN 60—290 (1960).
18. Geller, E. W.: An electrochemical method of visualizing the boundary layer. Master Thesis, Dept. of Aeron. Engr. Mississippi State College 1954.

19. Lukasik, S. J., Grosch, C. E.: Velocity measurements in thin boundary layers. Davidson Laboratory, Stevens Institute of Technology Hoboken, New Jersey, Technical Memorandum 1959.
20. Schraub, F. A., Kline, S. J., Henry, J., Runstadler (Jr.), P. W., Litell, A.: Use of hydrogen bubbles for qualitative determination of time dependent velocity fields in low speed water flows. Report MD-10, Thermoscience Div. Mech. Engr. Dept., Stanfort University 1964.
21. Rinner, K.: Abbildungsgesetz und Orientierungsaufgaben in der Zweimedienphotogrammetrie. Sonderheft 5 der Österr. Zeitung für Vermessungswesen (1948)
22. Mori, Ch., Okamoto, A.: Näherungsverfahren für die Ermittlung der Lage des Unterwasserpunktes in der Zweimedienphotogrammetrie. Mem. Fac. Engr., Kyoto Univ. **33**, pt. 1, 47—65 (1970).
23. Tewinkel, G. C.: Water depths from aerial photographs. Photo. Engr. 1037 (1963).
24. Graefe, V.: Aufbau eines turbulenzarmen Wasserkanals zur Untersuchung instabiler Grenzschichten und Messung des Turbulenzgrades der Kanalströmung. Max-Planck-Institut für Strömungsforschung, Göttingen, Bericht 5 (1968).
25. Schubauer, G. B., Skramstad, H. K.: Laminar boundary layer oscillations and stability of laminar flow. National Bureau of Standards, Research Paper 1772 (1943).
26. Schubauer, G. B., Spangenberg, W. G., Klebanoff, P. S.: Aerodynamic characteristics of damping screens. NACA TN 2001 (1950).
27. Bradshaw, P.: The effect of wind tunnel screens on nominally two-dimensional boundary layers. J. Fluid Mech. **22**, pt. 4, 679—687 (1965).
28. Mochizuki, M.: Smoke observation on boundary layer transition caused by spherical roughness element. J. Phys. Soc. Japan **16**, No. 5 (1961).
29. Menzel, K.: Über eine nichtlineare dreidimensionale Instabilität laminarer Grenzschichtströmungen. DLR FB 69—48 (1969).
30. Stuart, J. T.: The production of intense shear layers by vortex stretching and convection. Advisory Group for Aeronautical Research and Development, Report 514 (1965).
31. Meksyn, D., Stuart, J. T.: Stability of viscous motion between parallel planes for finite disturbances. Proc. Roy. Soc. Ser. A **208**, 517—526 (1951).
32. Grohne, D.: Die Stabilität der ebenen Kanalströmung gegenüber dreidimensionalen Störungen von endlicher Amplitude. AVA-Bericht 69 A 30 (1969).
33. Murphy, J. S.: Extensions of the Falkner-Scan similar solutions to flows with surface curvature. AIAA Journal **3**, 11 (1965).
34. Narasimha, R., Ojha, S. K.: Effect of longitudinal surface curvature on boundary layers. J. Fluid Mech. **29**, **1**, 187—199 (1967).
35. Nutant, J. A.: The transition process in a boundary layer on a flat plate, p. 1—80. Maryland University, College Park (1963). PH. D. Thesis, Contr. AF 49.
36. Hama, F. H., Nutant, J.: Detailed flow-field observations in the transition process in a thick boundary layer. Proc. 1963 Heat Transfer and Fluid Mech. Inst., Vol. 77, Stanford University Press (1963).
37. Meyer, K. A., Kline, S. J.: A visual study of the flow model in the later stages of laminar-turbulent transition on a flat plate. Report MD-7, Thermosciences Div., Mech. Engineering Department, Stanford University (1961).
38. Kovásznay, L. S. G., Komoda, H., Vasudeva, B. R.: Detailed flow field in transition. Proc. 1962 Heat Transfer and Fluid Mech. Inst., Stanford University Press (1962).

39. Klebanoff, P. S., Tidstrom, K. D., Sargent, L. M.: The three-dimensional nature of boundary layer instability. J. Fluid Mech. **12** (1), 1—33 (1962).
40. Komoda, H.: Nonlinear development of disturbance in a laminar boundary layer. Phys. Fluids **10**, Suppl. 87 (1967).
41. Idrac, P.: Etudes expérimentales sur le vol à voile. Thèse, Paris (1921).
42. Görtler, H.: Über eine Analogie zwischen den Instabilitäten laminarer Grenzschichtströmungen an konkaven Wänden und an erwärmten Wänden. Ing.-Arch. **28**, 71—78 (1959).
43. Kirchgässner, K.: Einige Beispiele zur Stabilitätstheorie von Strömungen an konkaven und erwärmten Wänden. Ing.-Arch. **31**, 2. Heft, 115—124 (1962).
44. Finsterwalder, R., Hofmann, W.: Photogrammetrie. Berlin: Walter de Gruyter & Co. 1968.

Sitzungsberichte der Heidelberger Akademie der Wissenschaften

Mathematisch-naturwissenschaftliche Klasse

Erschienene Jahrgänge

Inhalt des Jahrgangs 1960/61:

1. R. Berger. Über verschiedene Differentenbegriffe. DM 8.40.
2. P. Swings. Problems of Astronomical Spectroscopy. DM 3.50.
3. H. Kopfermann. Über optisches Pumpen an Gasen. DM 5.80.
4. F. Kasch. Projektive Frobenius-Erweiterungen. DM 6.—.
5. J. Petzold. Theorie des Mößbauer-Effektes. DM 13.80.
6. O. Renner. William Bateson und Carl Correns. DM 4.—.
7. W. Rauh. Weitere Untersuchungen an Didiereaceen. 1. Teil. DM 43.80.

Inhalt des Jahrgangs 1962/64:

1. E. Rodenwaldt und H. Lehmann. Die antiken Emissare von Cosa-Ansedonia, ein Beitrag zur Frage der Entwässerung der Maremmen in etruskischer Zeit. DM 6.90.
2. Symposium über Automation und Digitalisierung in der Astronomischen Meßtechnik Herausgegeben von H. Siedentopf. DM 32.80.
3. W. Jehne. Die Struktur der symplektischen Gruppe über lokalen und dedekindschen Ringen. DM 15.40.
4. W. Doerr. Gangarten der Arteriosklerose. DM 11.40.
5. J. Kuprianoff. Probleme der Strahlenkonservierung von Lebensmitteln. DM 5.20.
6. P. Čolak-Antić. Dreidimensionale Instabilitätserscheinungen des laminarturbulenten Umschlages bei freier Konvektion längs einer vertikalen geheizten Platte. DM 14.40.

Inhalt des Jahrgangs 1965:

1. S. E. Kuss. Revision der europäischen Amphicyoninae (Canidae, Carnivora, Mam.) ausschließlich der voroberstampischen Formen. DM 38.80.
2. E. Kauker. Globale Verbreitung des Milzbrandes um 1960. DM 7.20.
3. W. Rauh und H. F. Schölch. Weitere Untersuchungen an Didieraceen. 2. Teil. DM 70.—.
4. W. Felscher. Adjungierte Funktoren und primitive Klassen. DM 18.—.

Inhalt des Jahrgangs 1966:

1. W. Rauh und I. Jäger-Zürn. Zur Kenntnis der Hydrostachyaceae. 1. Teil. DM 30.60.
2. M. R. Lemberg. Chemische Struktur und Reaktionsmechanismus der Cytochromoxydase (Atmungsferment). DM 4.80.
3. R. Berger. Differentiale höherer Ordnung und Körpererweiterungen bei Primzahlcharakteristik. DM 23.—.
4. E. Kauker. Die Tollwut in Mitteleuropa von 1953 bis 1966. DM 5.40.
5. Y. Reenpää. Axiomatische Darstellung des phänomenal-zentralnervösen Systems der sinnesphysiologischen Versuche Keidels und Mitarbeiter. DM 3.60.

Inhalt des Jahrgangs 1967/68:

1. E. Freitag. Modulformen zweiten Grades zum rationalen und Gaußschen Zahlkörper. DM 19.—.
2. H. Hirt. Der Differentialmodul eines lokalen Prinzipalrings über einem beliebigen Ring. DM 9.30.